Kühe

Lutz Schiering

Kühe

Liebenswürdige Wiederkäuer

© KOMET Verlag GmbH, Köln
www.komet-verlag.de
Text: Lutz Schiering
Covermotiv: © fotolia.com: Rolf Fassbind
Gesamtherstellung: KOMET Verlag GmbH, Köln
ISBN 978-3-86941-240-5

Inhalt

Vorwort
Der Kult um die Kuh

Die Sumerer in Mesopotamien verehrten sie als Ninlil, die Mondgöttin in Gestalt einer Kuh. Ihr Gatte Enlil, der Stiergott, war Herrscher über Luftraum und Stürme. Auch das Weltbild der Ägypter war kuhzentriert: Sie erdachten das Firmanent über ihnen als gewaltige Himmelskuh, repräsentiert durch die Gottheit Hathor, dargestellt als Frau mit Kuhkopf oder Hörnern, zwischen denen sie die Sonnenscheibe trug. Ein Mythos mit Spätfolgen, denn als Moses die israelitischen Stämme aus Ägypten führte, hatten diese, während sich ihr Führer auf dem Sinai die Zehn Gebote abholte, nichts Besseres zu tun, als ein Götzenbild in Form eines goldenen Kalbes zu fabrizieren. Im Christentum hatte die Kuh danach keine guten Chancen mehr, sie durfte bestenfalls als Staffage in der Krippe dienen und ein wenig Wärme in den kalten Stall von Bethlehem bringen oder dem Evangelisten Lukas als Wappentier assistieren. Die Kuh war Kult auch bei den Fulbe in Afrika, als Kuh Audhumla bei den Germanen, und von ihrer Rolle im Hinduismus wird noch ausführlich die Rede sein.

Es ist schwierig, dem Charme dieser Kreaturen zu widerstehen. Und wer kann sich schon mit der Zunge in der Nase lecken?

So viel Kult um die Kuh macht neugierig; ein genauerer Blick auf das horntragende Rindvieh scheint angebracht. Dafür braucht man nicht weit zu reisen: Bei knapp 13 Millionen Kühen, die allein in Deutschland wiederkäuen, wird man zwangsläufig dem ein oder anderen Rindvieh begegnen – sicherlich nicht mehr in seiner Wildform, denn die wurde vom Menschen bereits weitgehend liquidiert, sondern als sanftmütiges, in stoischer Ruhe grasendes, gemächlich vor sich hin muhendes Wesen. Schnell wird der geneigte Betrachter zur Kenntnis nehmen, dass Kuh nicht gleich Kuh ist – der Vielfalt an Farben entspricht die Fülle an Formen. Ebenso schnell wird man feststellen, dass die Kuh ein höchst soziales Wesen ist, das sich als Herdentier seiner Umwelt und dem Menschen bestens angepasst hat.

In der Liaison zwischen Kuh und Mensch hat sich Letzterer nicht immer ku(h)ltiviert benommen, denn so anbetungswürdig das Rind auch war, es wurde doch immer auch vom Menschen drangsaliert: ins Joch gespannt als Zugtier, gemolken bis zum letzten Tropfen, begehrt als Nahrungsquelle, früher am Lagerfeuer, heute zwischen zwei Brötchenhälften. Den Eigenarten dieses liebenswürdigen Wesens und seiner tragende Rolle im Leben der Menschen ist dieses Buch gewidmet.

Ein Bild wie aus vergangenen Zeiten: Eine Herde Longhorns wird auf die Weide getrieben.

Die Domestikation der Kuh

Wie der Mensch zum Rindvieh kam

Die Beziehung des Menschen zum Rindvieh war von jeher nicht rein friedfertiger Natur. Knochenfunde von erlegten Wildrindern aus der Steinzeit legen davon beredtes Zeugnis ab. Das ist jedoch nur ein Aspekt einer intensiven und anhaltenden Beziehung. Auch die „Heilige Kuh" zieht sich durch die Menschheitsgeschichte. Bereits die etwa 17 000 Jahre alten Felszeichnungen von Rindern in der Höhle von Lascaux lassen eine kultische Bedeutung des Jagdtieres

Zeichnung eines Auerochsen in der Höhle von Lascaux im Südwesten Frankreichs

erahnen. Zeichnungen vergleichbaren Alters finden sich auch in der Höhle von Altamira. In der Folge sind Kuh und Stier in den unterschiedlichsten Kulturen Gegenstand der Verehrung. Den Hindus ist die Kuh die Mutter allen Lebens und in der persischen Mythologie ist es der Stier, aus dem alle Tiere und Pflanzen hervorgehen. Die Muttergottheit Hathor wird im alten Ägypten ganz oder in Teilen als Kuh dargestellt, der Apis-Stier als Gottheit verehrt. Die Minoer haben ihren eigenen Stiergott und im antiken Griechenland erscheint Zeus eben in der Gestalt dieses mächtigen Tieres.

Immer wieder werden Kuh und Stier mit göttlicher Schaffenskraft und dem Mond, Sinnbild der Fruchtbarkeit, in Verbindung gebracht. Die Sichelform der Hörner und die dem

SCHWARZBUNTE UND HOLSTEIN FRIESIAN

12 969 674 Rinder standen am 3. Mai 2008 in Deutschlands Ställen, so das Ergebnis der letzten nationalen Kuhzählung. Der weitaus größte Teil davon war schwarzweiß, und vielen gilt das **SCHWARZBUNTE NIEDERUNGSRIND,** so der vollständige Name, als Inbegriff der Kuh. Ihre Heimat sind die saftigen Marschweiden der europäischen Nord- und Ostseeküsten. Gegen Ende des 19. Jahrhunderts war sie hier die wichtigste Rasse. Doch schon etwas früher hatte die Schwarzbunte eine zweite Heimat gefunden. Auswanderer hatten neben Kind und Kegel das nach Amerika mitgenommen, was ihnen als Ernährungsgrundlage am sinnvollsten erschien. In Übersee entwickelten sich die dort **HOLSTEIN FRIESIAN** genannten Schwarzweißen prächtig. Sie unterschieden sich ein wenig von den europäischen Schwestern, waren größer, die Muskulatur dafür schwächer, was dazu führte, dass ihre Nutzung als Fleischrind in den Hintergrund trat. Man züchtete aus ihnen Hochleistungskühe ausschließlich für die Milchproduktion. In den 1960er Jahren kam es zur Reunion der beiden Rassen, und das gleich aus mehreren Gründen: Eine sinnvolle Zucht von reinrassigen europäischen Schwarzbunten scheiterte an fehlenden Genreserven. Zum anderen wurde in Europa der Ruf nach immer höheren Milchleistungen lauter, und das, obwohl schon die „original" Schwarzbunten einen Rekord nach dem anderen aufstellten. Derart friesianisiert, war der weitere Aufstieg der schwarzweißen Elitekuh kaum mehr aufzuhalten. Kein Wunder, bei Leistungen von bis zu 13 000 Kilogramm Milch pro Jahr und Tier. Holstein Friesian gelten als erste Sahne, weniger hochgezüchtete Rassen haben da kaum Chancen. Selbst das Original nicht: 1989 gab es nur noch etwa 500 Schwarzbunte, die keinen amerikanischen Blutanteil in sich hatten.

Mond zugeordnete Milch lassen sie zum Symbol der Mondgöttin werden. Unglücklicherweise hat sie ihre Verehrung nicht selten das Leben gekostet – als Opfertier. So geht man heute davon aus, dass die ersten Rinder, die vom Menschen vor etwa 10 000 Jahren gehalten wurden, nicht allein dem Verzehr, sondern auch als Opfergabe dienten.

Die Verehrung jedenfalls gebührte ihnen durchaus. Es zeugt von guten Manieren, das Wesen zu ehren, das einen in der eigenen Evolution so unterstützt. Wenig verwunderlich ist auch die Wahrnehmung der Kuh als Mutter Erde, wenn man bedenkt, wie förderlich die Kühe

Aus einem Tempel in Luxor stammt dieses Relief eines Stiers, zusammen mit dem Symbol des *ankh*, des Zeichens für Leben (rechts). Unten: Darstellung der Göttin Hathor, Spenderin des Lebens und der Milch.

für das Überleben der Menschen waren. Glücklicherweise gibt es da neben Fleisch, Leder und Horn auch noch die vielen Dienste, die die Kühe den Menschen erweisen, ohne dass es für sie tödlich ausgeht. Kühe waren die ersten Tiere, die gemolken wurden, als Zugtiere können Ochsen schwere Lasten bewegen und über eine Antriebswelle Maschinen in Gang halten. Und dann ist da noch, gar nicht hoch genug einzuschätzen, der Dung.

Die Wildrinder, die früher in Europa lebten, sind – abgesehen von den Wisenten – ausgestorben. Veränderungen des Klimas und des Ökosystems, aber auch die Bejagung durch den Menschen – und die *Bovini* waren schon bei den frühen Sammler- und Jägerkulturen äußerst beliebte Jagdtiere – haben ihren Teil dazu beigetragen. Das Bild, das wir uns heute über die damalige Rinderpopulation und ihre Domestizierung machen, speist sich aus den verschiedensten Quellen.

Die Beobachtung und Analyse unserer Hausrinder und heute noch lebender Wildrinder lassen Rückschlüsse zu. Unser Wissen über frühere Kulturen, über Klima und ökologisch-geologische Gegebenheiten, über Tier- und Pflanzenwelt geben der Vorstellung von der Domestizierung des Wildrindes ihre Konturen. Direkt über das damalige Rind Auskunft geben allein alte Abbildungen und Kulturobjekte sowie Funde von Knochen und Kiefern. Solche archäologischen Funde sind zum Glück relativ zahlreich, doch es gibt ein Problem mit den Knochen: Sie wurden von unseren Vorfahren nur ausgesprochen bruchstückhaft hinterlassen, da sie das wohlschmeckende und kräftigende Knochenmark lieber verzehrt haben. Dies erschwert eine eingehende Analyse und macht es oft unmöglich festzustellen, ob es sich um eine Wildart oder ein domestiziertes Tier gehandelt hat. Die schwierige Beweislage hat zu einer Vielzahl an Theorien über Ort und Zeitpunkt der Domestizierung von Kühen geführt.

Von den Menschen wurden die Bisons, die einst in unermesslicher Zahl über die nordamerikanischen Prärien zogen, beinahe ausgerottet.

Jahrmillionen bevor der Mensch das Rind domestizierte, gab es sie schon, die *Bovini*, die Rinder, die weite Teile Nordamerikas, Eurasiens und Afrikas bevölkerten – nur in Südamerika und Australien gab es ursprünglich keine Wildrinder. Sie bewohnten die verschiedensten Lebensräume vom Gebirge bis zur Savanne. Manche bevorzugten dichte Wälder, andere freie Grassteppen, viele lebten in offenen Waldgebieten. Alle Arten aber waren angewiesen auf das Vorhandensein von Wasser und Grünzeug, denn als Wiederkäuer sind Rinder reine Vegetarier. Je nach Lebensraum goutieren sie Gräser, Laub, Rinde, Triebe und Knospen. In der Regel sind es gesellige Tiere, die in Herden leben.

Naheliegend und über Jahrzehnte unbestritten war die auch heute noch weit verbreitete Meinung, dass sich alle europäischen Hausrindrassen aus dem bereits vor 250 000 Jahren hier ansässigen Auerochsen *(Bos primigenius primigenius)* entwickelt haben. Sowohl Felszeichnungen als auch entsprechende Knochenfunde belegen eindeutig, dass der Auerochse in Europa viel bejagt wurde und auch kulturell Beachtung fand. Was wäre da wahrscheinlicher, als dass er es war, der zum Haus-

rind domestiziert wurde. Ganz abgesehen davon ist dieses eindrucksvolle und mächtige Tier, das eine Schulterhöhe von zwei Metern erreichte, geradezu dazu angetan, eine besondere Rolle auszufüllen. Ein einheimischer Urahn ist vielen Gattungen nicht vergönnt, so gab es zum Beispiel keine Wildziegen in Europa, die hätten domestiziert werden können. Mit der Annahme des europäischen Auerochsen als Urahn der Hausrinder war im Prinzip auch der Zeitpunkt der Domestikation in etwa festgelegt, nämlich um 5500 v. Chr., als in Europa die neolithische Revolution, der Übergang vom nomadenhaften Leben der Jäger und Sammler zur Sesshaftigkeit der Ackerbauern und Viehzüchter, einsetzte.

Ebenfalls eine kleine Revolution in der Erforschung der Rinder war es, als Wissenschaftler im Laufe der letzten Jahrzehnte bei gentechnischen Untersuchungen von Knochenfunden feststellten, dass die ersten Hausrinder in Europa Einwanderer gewesen sein müssen. Zeitungen titelten: „Geschichte der Rinder entschlüsselt", und, fast empört: „Ob Schwarzbunte oder Fleckvieh, alle unsere Kühe stammen aus Anatolien." Der europäische Auerochse wurde von der Wissenschaft als Urahn entthront, was im kulturellen Gedächtnis allerdings längst noch nicht verankert ist – dazu war die Vorstellung einfach zu eingängig.

Auch lassen die neuen Erkenntnisse noch einige Fragen offen: Wie kamen so viele Hausrinder auf einmal nach Europa – hat es tatsächlich große Viehzüge gegeben? Und noch erstaunlicher: Warum kam es offenbar nicht zu Verpaarungen zwischen den Einwanderern und den einheimischen wilden Auerochsen? Diese Frage stellt sich insbesondere, da man davon ausgeht, dass das Wildrind, das zum vorderasiatischen Hausrind domestiziert wurde und somit auch die

Urwüchsige Tiere wie aus einer anderen Zeit: afrikanischer Büffel (gegenüberliegende Seite) und Wasserbüffel (unten)

ROTBUNTE

Die **ROTBUNTEN** wurden langsam, aber sicher von den amerikanisierten Schwarzweißen verdrängt, stellen aber, zumindest in Europa, immer noch einen großen Bestand. Die ursprünglichen Zuchtgebiete sind denen der Schwarzbunten ähnlich, da man sich aber bis in die 1930er Jahre nicht so recht einigen konnte, ob es denn nun die Milch oder das Fleisch sein sollte, was die Rotbunten so sympathisch macht, führte dies zu zahlreichen Landschlägen ohne festes Zuchtziel. Im Gegensatz zu ihren schwarzweißen Schwestern blieben die Rotbunten klassische Zweinutzungsrinder. Nicht so in Amerika, wo die **RED HOLSTEIN**, ähnlich wie die Schwarzweißfraktion, zum ausschließlichen Milchlieferanten getrimmt wurde.

Urahnenschaft für die heutigen Rassen in Europa übernehmen muss, ebenfalls zu den Auerochsen zu zählen ist oder zumindest ein naher Verwandter derselben war.

Trotz noch ungeklärter Fragen zeichnet sich heute eine neue Vorstellung von der Domestikation der europäischen Hausrinder ab. So geht man nun davon aus, dass sie deutlich früher,

nämlich etwa 7000 bis 8000 v. Chr., einsetzte. Einmal mehr zeigt sich, welch großen Anteil Interpretationen und das kohärente Ineinanderfügen von – manchmal durchaus auch falschen – Wissensteilchen an unseren Erkenntnissen über die Entwicklung einzelner Gattungen und größere Zusammenhänge haben. Ändert sich ein Detail, verändert sich das gesamte Bild.

In diesem Kontext lohnt ein Blick auf die neolithische Revolution in Vorderasien, genauer der Region des sogenannten Fruchtbaren Halbmondes. Der Fruchtbare Halbmond umfasst das mit reichlich Winterregen gesegnete Gebiet im Norden der Arabischen Halbinsel, einschließlich

Fast ausgerottet und heute wieder in Schutzgebieten zu bewundern: das einzige noch lebende Wildrind Europas, der Wisent.

Mesopotamien, der Levante und der ägyptischen Sinai-Halbinsel. Es ist eines der Ursprungs-länder der neolithischen Revolution, bei der kulturelle, soziale und klimatische Bedingungen in-einandergreifen. Die frühesten Ansätze zur Sesshaftigkeit mit Ackerbau und Viehzucht sind in klimatisch begünstigten Gebieten mit relativ großen Nahrungsmittelressourcen anzutreffen. Für Europa ist die sich – anders als der Begriff Revolution vermuten lässt – ganz allmählich vollzie-hende Entwicklung im Fruchtbaren Halbmond von besonderem Interesse, da die neolithische Revolution von hier aus über die Ausbreitung sesshafter Kulturen und die Übernahme der sess-haften Lebensform praktisch nach Europa exportiert wurde.

Mit dem Heckrind wollten die Zoodirektoren Lutz und Heinz Heck den europäischen Auerochsen wiederauferstehen lassen. Inzwischen ist mehr als zweifelhaft, ob dieser tatsächlich der Urvater unserer bekannten Hausrassen ist. Wahrscheinlicher ist, dass die Multi-Ku(h)lti-Gesellschaft auf Immigranten-Kühe zurückgeht.

GELBVIEH

Auch für Kühe gilt die Redensart, dass der Prophet im eigenen Lande nur wenig gilt. Als **GERMAN YELLOW** ist das **GELBVIEH** im Ausland verbreiteter und bekannter als in seiner Heimat. Verlockend für eine Einkreuzung waren vor allem die Maße und das Gewicht: 800 Kilogramm bringen Gelbvieh-Kühe auf die Waage, ausgewachsene Ochsen bis zu 1500 Kilogramm. Eine solche Körperfülle, unterstützt von ausgesprochen harten Klauen, prädestiniert nicht nur für eine gute Schlachtausbeute, sondern vor allem für die Arbeit als Zug- und Arbeitstier. Das war zu einer Zeit, als die Landwirtschaft noch weitgehend ohne maschinelle Hilfe betrieben wurde, ein unschlagbares Qualitätskriterium. Zu den Landschlägen in Deutschland, die zum Gelbvieh gehören, zählt das **GLANVIEH,** zu finden in Eifel und Hunsrück, Regionen also, wo die Landwirtschaft schon immer ein karges Zuckerschlecken und eine Kuh nicht nur Lieferant von Milch und Fleisch, sondern auch Traktor-Ersatz war. Auch zum Gelbvieh zählt das **LIMPURGER RIND,** südlich von Schwäbisch Hall in Baden-Württemberg beheimatet. Beide Rassen haben heute kaum mehr eine ökonomische Bedeutung und sind, zumindest was ihre Reinrassigkeit angeht, bedroht. Wenn heute vom Gelbvieh die Rede ist, meint man meist das einfarbige gelbe **FRANKENVIEH,** ein voluminöses Rind mit guter Bemuskelung und einer Milchleistung von 5000 Kilogramm jährlich. Nicht wirklich ausreichend, um der eindimensionalen Schwarzweißmalerei auf Deutschlands Weiden zu trotzen. Machte das Gelbvieh Ende der 1950er Jahre noch über sieben Prozent am Gesamtbestand in Deutschland aus, schätzt man, dass heute nur noch etwa 100 000 Tiere auf den Weiden grasen.

Was unterscheidet eine Kuh von der anderen? Ganz offensichtlich ist es zum einen die Farbe, und davon hat die Natur bei Kühen nicht gespart. Auf Farbe, Farbmuster oder Scheckung als Rassemerkmal wird bei der Züchtung großen Wert gelegt. Zudem lässt sich eine Kuh nach ihrem Typ bestimmen. Sie ist im Normalfall kein Kuschel-, sondern ein Nutztier, und nutzen lässt sich ein Rind gleich auf dreierlei Arten: Es kann, wenn es sich um ein weibliches Rind handelt, Milch geben (mal mehr, sodass die Lebensleistung ganze Tankwagen füllt, mal weniger, sodass es gerade für die Aufzucht eines Kalbes reicht), man züchtet es wegen seines Fleisches (wobei manche mehr auf den Rippen haben, manche weniger) oder nutzt es als Zug-, Last- und Transporttier (wobei vor allem der Ochse, das kastrierte männliche Rind, ins Joch gespannt wird). Da mit zunehmender Technisierung und Mechanisierung der landwirtschaftlichen Tätigkeiten letzterer Nutzen heute in industrialisierten Ländern kaum mehr eine Rolle spielt, war die Kuh hier jahrzehntelang ein Doppelnutztier, bis die Marktgegebenheiten Nutztiermodelle verlangten, die das Tier entweder zum Fleisch- oder Milchlieferanten machten.

Kühe sind – auch was das Klima angeht – anpassungsfähige Tiere, dennoch ist eine ganzjährige Freilandhaltung von Haustieren nur besonders widerstandsfähigen Rassen zuträglich.

Mit dem Beginn der Warmzeit vor etwa 11 500 Jahren verbesserte sich das Nahrungsangebot in Vorderasien deutlich, jedoch nur im Winter und Frühjahr – im Sommer dörrte die Erde aus. Die Vorratshaltung setzte ein und bald brachte der Anbau von Getreide eine bis dahin ungekannte Sicherheit in der Versorgung. Auch kulturelle Faktoren wie der Bau von Tempeln trugen ihren Teil zur Sesshaftwerdung bei. Als vor etwa 10 000 Jahren die zuvor massenweise bejagte Gazellenpopulation deutlich abnahm, entstand die Notwendigkeit, vor Ort Fleischlieferanten zu halten, wobei auch die Bedeutung beispielsweise der Rinder für kulturelle Riten offenbar einen nicht unwesentlichen Beitrag dazu leistete, dass die Domestikation von Ziege, Schaf, Schwein und Rind einsetzte. Die Lehrmeinungen über Abfolge und exakten Zeitpunkt vom Anbau der Nutzpflanzen und der Haustierhaltung gehen allerdings auseinander.

Belegt ist jedoch, dass sich Kreisläufe entwickelten, die die Nahrungssituation deutlich verbesserten: Die Haustiere, die mit den Nutzpflanzen gefüttert wurden, ermöglichten es über ihre Ausscheidungen, dass dieselben Felder über längere Zeit bestellt werden konnten und gute Erträge brachten. Dabei nimmt der Kuhdung eine außerordentliche Stellung ein. Einige Wissenschaftler gehen davon aus, dass er das Sesshaftwerden deutlich gefördert hat.

Diese für die Landwirtschaft so wichtigen Kreisläufe wurden zusammen mit den Nutzpflanzen, den Haustieren und den veränderten Gesellschaftsstrukturen nach Europa exportiert, sodass sich die Entwicklung zur Sesshaftigkeit und produktiven Wirtschaftsform hier ab 5500 v. Chr. in rasantem Tempo entwickeln konnte. Was die Hausrinder betrifft, geht man derzeit davon aus, dass sie in großen Herden – und das wohl kaum allein – vom Nahen Osten nach Europa wanderten.

Primär von Bedeutung waren hier wie in Vorderasien neben der kulturellen Bedeutung ihr Fleisch und ihr Dung. Doch bereits ab 5000 v. Chr. ist auch ihre Nutzung zur Milchgewinnung und als Zugtier belegt. In beiden Hinsichten nehmen die Kühe eine Vorreiterstellung ein. Insgesamt kann ihre Bedeutung bei der Entwicklung der Landwirtschaft nicht hoch genug eingeschätzt werden. Noch heute ist die Kuh das wichtigste Nutztier des Menschen.

Inzwischen gilt als gesichert, dass es neben dem Fruchtbaren Halbmond noch zwei weitere Domestikationszentren der Wildrinder aus der Linie *Bos primigenius* gegeben hat. So wurden die Rinder in Afrika gerade nicht, wie lange angenommen, aus dem Nahen Osten importiert, sondern dort wurden vor etwa 8000 Jahren einheimische Wildrinder domestiziert, wie Kulturhistoriker und Archäologen herausfanden. Solche Erkenntnisse haben nicht nur theoretische Auswirkungen. Die aus den über Jahrtausende an die einheimischen Naturräume angepassten Wildrindern hervorgegangenen Hausrinder sind widerstandsfähiger gegen tropische Krankheiten und brauchen weniger Wasser sowie weniger Futtergras als ihre später importierten Genossen, was die Hoffnung nährt, dass sie auch bei weiterer Ausbreitung der Sahara einen großen Beitrag zur Versorgung der Menschen leisten können.

Und schließlich ist da noch das bucklige Zebu, das *Bos primigenius indicus*, das auf dem indischen Subkontinent spätestens in der Mitte des 7. Jahrtausends v. Chr. aus einer Unterart des Wildrindes domestiziert wurde, die sich wohl bereits vor 300 000 Jahren von den nahöstlichen und europäischen Unterarten ge-

Folgende Doppelseite:
Als Zugtiere „unterjocht" – bei schweren Lasten im Doppelgespann – werden fast immer Ochsen, die sich für diese Arbeit wegen ihres langbeinigen Wuchses und ihres sanften Wesens eignen.

Als Transporttier ist das Yak im Himalaja fast überlebensnotwendig.

FLECKVIEH

Das Ur-Fleckvieh stammt aus der Schweiz, genauer dem Berner Oberland und noch genauer dem Simmental, von Felix Mendelssohn Bartholdy immerhin als „das grünste Tal Europas" gerühmt. Hier war das SIMMENTALER FLECKVIEH schon im Mittelalter bekannt. Seine Grundfarbe ist Weiß, was man deutlich an Kopf, Beinen und Schwanzquaste erkennen kann, die über den Körper verteilten Flecken des kolossalen Tieres reichen von Hellgelb bis Dunkelrot. Die Nachrichten von der immensen Milchleistung – bedingt auch durch die gehaltvollen Weiden der Voralpen – drangen bis in die Nachbarregionen. In Österreich ist das Fleckvieh mit 78 Prozent unschlagbarer Spitzenreiter der Rassenhitliste und auch in Süddeutschland, vor allem in Bayern und Baden-Württemberg, fanden die fleckigen Viecher eine Heimat. Dort fristen sie seitdem mit großem Erfolg ein Leben als Doppelnutzungsrasse. Was die Milchleistung angeht, kann das Fleckvieh mit durchschnittlich 7000 Kilogramm pro Jahr zwar nicht ganz mit den schwarzweißen Milchspezialistinnen mithalten, aber wer braucht schon einen Swimmingpool voller Milch? Dazu kommt: Auch als Fleischlieferant ist es profitabel. Mit Tageszunahmen bei fleckviehischen Jungbullen von 1300 Gramm Gewicht macht es selbst ausgeprägten Fleischrindern Konkurrenz. Das hat sich auch in außereuropäischen Rinderzuchtnationen herumgesprochen. Dank seiner Anpassungsfähigkeit ist Fleckvieh inzwischen von Kanada bis Neuseeland, von Ägypten bis Peru zu finden.

Rechts: Die enge Beziehung zwischen Mensch und Rind wurzelt auch in der Arbeitsleistung der Tiere in agrarisch geprägten Gesellschaften. In industriell „fortgeschrittenen" Ländern ist die Kuh dagegen zum reinen Fleisch- oder Milchlieferanten degradiert.

Unten: Zebus erfreuen sich auch bei Nebenerwerbs- und Hobbyzüchtern steigender Beliebtheit. Die grazilen Tiere sind genügsam und auch für eine extensive Grünlandnutzung geeignet.

trennt hatte. Nach Afrika und Europa wurden die Zebus, so schätzt man jedenfalls, spätestens 2000 v. Chr. eingeführt. In Afrika entstanden viele Hausrindrassen aus der Kreuzung der Nachfahren von einheimischen und ursprünglich vorderasiatischen Auerochsen mit den Zebus, die sich durch eine hohe Hitzeverträglichkeit und Krankheitsresistenz auszeichnen. Allerdings geben sie nur vergleichsweise wenig Milch.

Das weitere Schicksal der gezähmten Rinder verlief durchaus wechselhaft, doch eine Konstante ist zu nennen: Rinder sind die Haustiere, die nicht nur bei den Anfängen der Landwirtschaft von zentraler Bedeutung waren, sondern von denen die Menschen auch in der Folge am meisten profitierten. Man denke nur an das Fleisch, die Milch und ihre sekundären Produkte, die Kuhfladen als Dung und Energielieferant sowie die Haut als Leder und Transmissionsriemen bei den ersten Maschinen.

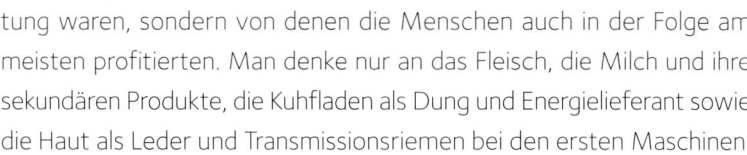

Die Öllampen der alten Ägypter, Römer und Griechen brannten mit Rindertalg, und mit Stearin und Paraffin brennen Kerzen noch heute per Rinderfett, das zugleich für die Seifenherstellung von Bedeutung ist. Dichtungen halten mit Rinderhaar dicht und Gebrauchsgegenstände aus Horn gibt es schon ewig. Ochsen können Lasten sowie Maschinen bewegen und wurden – erstaunlich genug – in der Sahara schon vor den Kamelen und Pferden als Reittiere genutzt.

Bei der wirtschaftlichen Bedeutung des Rindes für den Menschen verwundert es nicht, dass es in früheren Zeiten als Statussymbol galt. Im alten Ägypten wurden die Steuern zeitweise nach der Anzahl der Kühe berechnet und noch heute übernehmen sie in manchen Kulturen, wie beispielsweise die Watussi-Rinder mit den langen Hörnern bei den Tutsi, die Funktion eines Zahlungsmittels.

Die Verehrung der Kühe und ihre Bedeutung bei rituellen Handlungen, wie sie nicht nur von den Völkern zwischen Euphrat und Tigris, sondern auch vom klassischen Ägypten, antiken

Dieses Zebu sucht weniger die Nadel im Heuhaufen, als dass es sich an der Überfülle an Nahrungsangebot erfreut. Die klettergewandten Tiere sind äußerst genügsam.

Griechenland und alten Rom überliefert ist, hat sich in der Neuzeit in den meisten Regionen verloren. Erhalten hat sich die kulturelle Stellung des Rindes noch im Hinduismus und bei einigen Stämmen Afrikas. Vor allem die Massai haben ein besonderes Verhältnis zum Rind: Nach ihrer Überlieferung sind die Kühe ein Gottesgeschenk allein für sie, weshalb sie es auch nicht als Viehdiebstahl betrachten, wenn sie sich fremde Rinder aneignen – manch einer der Enteigneten sieht das allerdings anders.

In Indien prägen die Zebus das Straßenbild in Dörfern und Städten. Rinder gelten im hinduistischen Glauben als heilig, sie dürfen weder getötet – was einem Mord gleichkäme – noch eingesperrt oder angebunden werden. Entsprechend frei bewegen sie sich und halten in indischen Großstädten wie Mumbai auch gern einmal den Verkehr auf – bei Touristen immer ein beliebtes Fotomotiv. Ob die Stadtkühe es allerdings tatsächlich so gut haben, kann bezweifelt werden, denn ihr Futter müssen sie sich im Abfall suchen, und das ist im Plastikmüll nicht immer üppig gesät.

Eine Kuh gilt bei vielen Völkern Afrikas als Zeichen für Wohlstand und Reichtum. Lange bevor in Europa der Nutzen von Kühen erkannt wurde, waren viele afrikanische Volksgruppen schon erfahrene Rinderzüchter.

Die Wahrnehmung der Kuh als Erhalterin des Lebens hat eine reale Grundlage: Noch heute ist sie für viele Bauern in Indien das einzige Zugtier und Millionen Inder heizen und kochen nur mit Kuhdung. Auf dem Land wird er auch zum Häuserbau verwendet, mit Wasser vermischt dient er als desinfizierendes Reinigungsmittel.

Die Art, wie die Rinder zu verschiedenen Zeiten gehalten wurden, ist durchaus unterschiedlich. Begonnen hat es ganzjährig auf der Weide, häufig unter Aufsicht eines Hirten. Bald schon kam während des Winters die Stallhaltung dazu. Im klassischen Ägypten war man auch in diesem Bereich sehr fortschrittlich, die Art der Stallhaltung, Fütterung und Melktechnik erinnert in vielem an moderne Zeiten. Schriftsteller wie Tacitus, Plinius und Columella hielten im alten Rom das Wissen über den besten Umgang mit dem Rindvieh bereits ausführlich schriftlich fest. Haltung, Fütterung, Pflege, Züchtung und Nutzung waren wichtige Themen. Genutzt wurden vorwiegend die Zugkraft und das Fleisch, Kuhmilch wurde kaum getrunken. Eine nette Anekdote aus den Aufzeichnungen Catos: Auch Ochsen sollten Feiertage haben, dann nämlich durften sie

Watussi-Rinder (links) sind in ihrer Heimat Zentralafrika bei den Tutsi Kapitalanlage und Zeichen für Wohlstand. Gleiches gilt für die Massai in Ostafrika (rechts).

keine schweren Lasten transportieren. Und Columella empfiehlt, die Tiere nach der Arbeit zu striegeln und zu massieren sowie ihnen bei Überhitzung „reinen Wein in den Schlund zu gießen". Hinter den konkreten Anweisungen der frühen Kuhexperten ist die Überzeugung spürbar, dass es zwischen Rinderwohl und Nutzen des Rindviehs für den Menschen einen engen Zusammenhang gibt.

Diese Überzeugung geriet im Mittelalter in Vergessenheit. Rinder wurden wie die anderen Nutztiere mit wenig Umsicht behandelt und auch der Gedanke der bewussten Paarung verlor sich im Dunkeln des Zeitalters. Die Rinder wurden kleiner und magerer und dienten vor allem als Lieferanten von Dung und als Zugtier.

Im 18. Jahrhundert setzte mit den wissenschaftlichen Untersuchungen des Engländers Robert Bakewell und der Gebrüder Colling die Form der Rinderzüchtung ein, wie sie heute perfektioniert ist. Man begann klare Züchtungsziele festzulegen, die Tiere dazu sorgfältig auszuwählen und die Erfolge sowie Misserfolge exakt zu dokumentieren. Zuchtverbände entstanden. Hatte es vorher schon an die jeweiligen Lebensbedingungen angepasste Landschläge gegeben, so entstanden nun klar definierte Rassen, die häufig entweder primär für die Milch- oder die Fleischerzeugung gezüchtet wurden.

Wie effizient Züchtungsziele verfolgt werden können, zeigt etwa die Tatsache, dass eine Kuh vom Typ Holstein Friesian heute innerhalb von zwei Wochen mehr Milch gibt als ein preußisches Rind Anfang des 19. Jahrhunderts im Laufe eines ganzen Jahres. Neue Technologien wie künstliche Besamung, Embryonentransfer und Klonung haben die Möglichkeiten der Züchtung immer mehr erweitert. Trotz aller Technisierung besitzen gerade traditionelle Kuhrassen zugleich eine kulturelle Dimension und ein nicht geringes Identifikationspotenzial – man denke nur an das kastanienbraune Pinzgauer und die deutsche „Urkuh", die Schwarzbunte.

Nutzung und arteigene Bedürfnisse – das sind die beiden Pole, um die sich die Diskussionen über die Haltung drehen. Wie bei anderen Haustieren auch, besteht die Herausforderung für die Rinderhaltung heute darin, tiergerechte Bedingungen zu schaffen und dabei die Nutzung so zu organisieren, dass sie dennoch wirtschaftlich ist.

Insgesamt gibt es über 500 Hausrindrassen, die – je nach Sichtweise – aus Unterarten oder nahen Verwandten des Auerochsen entstanden sind. Hatte schon dieser in weiten Teilen Europas, Asiens und Afrikas ein ungeheures Verbreitungsgebiet, sind die Hausrinder tatsächlich weltweit zu finden. Mit Christoph Kolumbus erreichten sie die Neue Welt; auf den Schiffen der *First Fleet* 1878 befanden sich nicht nur

Zwar hat jede indische Kuh einen Eigentümer, der aber darf sein Tier weder anbinden noch einsperren. Weil viele Besitzer gerade ihren eigenen Lebensunterhalt erwirtschaften können, kommt ihnen die Freiheit der Kuh nicht ungelegen, denn diese Freiheit beinhaltet auch, dass sich das Tier sein Futter selbst in den Resten auf den Straßen suchen muss.

Das Charolais gehört zu den ausgesprochenen Fleischrinderrassen.

BRAUNVIEH

BRAUNVIEH gibt es gleich in mehreren Varianten, von denen einige den Anspruch erheben, das „Original" zu sein. Ursprungsland ist zweifelsfrei die Schweiz, wo die robuste und gutmütige Rasse schon im Jahr 1500 auftaucht. Ende des 19. Jahrhunderts erfolgten die ersten Exporte nach Übersee, wo sich herausstellte, dass das ORIGINAL SCHWEIZER BRAUNVIEH, gekreuzt mit anderen Rassen, nicht nur vielseitig nutzbar, sondern, was die Milchproduktion angeht, zu wahren Höchstleistungen fähig war. Genannt wurden und werden diese Kühe heute noch, egal, ob sie in Amerika oder Südafrika grasen, BROWN SWISS. Für die Käseproduktion ist die Milch vom Braunvieh wegen ihres hohen Fett- und Eiweißanteils perfekt. Reimportiert kamen die Braunen, deren Wiedererkennungsmerkmal ihr weißer Ring um das Flotzmaul ist, dann auch wieder in der Schweiz zum Einsatz. Da die dortigen Verbände aber Wert auf Reinrassigkeit legten, dürfen diese Kreuzungen nur noch als BRAUNVIEH bezeichnet werden, der Zusatz „Original" wird ihnen vorenthalten. Verwandt mit der Schweizer Urform ist auch das kurzbeinigere ORIGINAL BRAUNVIEH, auch ALLGÄUER oder MONTAFONER BRAUNVIEH genannt. Wegen ihrer Milchleistung und der guten Mutterkuheignung lange in Mode, wurde die Rasse bei der Rückkreuzung mit den ausländischen Brown Swiss durch Erbkrankheiten in ihrem Bestand bedroht und steht heute kurz vor dem Aussterben.

INDIENS HEILIGE KÜHE

Die Götter leben von der Kuh und auch die Menschen von der Kuh.
Die Kuh ist diese ganze Welt, so weit die Sonne niederschaut.

Dieses Zitat aus dem Atharvaveda, einer der heiligen Textsammlungen des Hinduismus, ist beileibe kein Einzelfall. In den Schriftsammlungen wimmelt es nur so von Kühen. Sie ist Gefährtin, Erfüllerin von Wünschen, Fruchtbarkeitssymbol, Mutter allen Lebens, zahlreiche Gottheiten wohnen ihr inne. Kein Wunder also, dass in Indien, dem Ursprungsland des Hinduismus, Kühe als heilig gelten. Krishna, eine der höchsten der an Gottheiten nicht gerade sparsamen Religion, wird gemeinhin mit einer Flöte, dem Symbol der Kuhhirten, und einem Zebu dargestellt, weil er als Kind in die Obhut von Kühe hütenden Zieheltern gegeben wurde. Zwar waren Kühe in der Frühzeit auch Opfertiere der Brahmanen, aber ein Morden im eigentlichen Sinne war das nicht, denn die Kuh kehrte ja heim zu den Göttern. Unter dem Einfluss von Buddhismus und Jainismus wurde selbst diese Ausnahme abgeschafft.

Zum einen kann man für diese Verehrung zweifelsohne spirituelle Gründe anführen: In allen Religionen gibt es Tiere, die eine Gottheit, ein mythologisches oder kosmisches Prinzip repräsentieren. Darüber hinaus war das Nichttöten einer Kuh immer auch Abgrenzung zu anderen Religionen und Gesellschaftsformen, sei es zum Islam oder auch zum Christentum, mit dem die Inder während ihrer Kolonialzeit leidvolle Erfahrungen machen mussten. Zum dritten hat die Wertschätzung für die Kuh handfeste ökonomische Gründe: Eine Kuh ist Ausdruck von Wohlstand, ja Reichtum. In agrarisch geprägten Ländern, wo die Kuh noch nicht vom Traktor verdrängt ist, bedeutet sie eine Stütze, bietet die Möglichkeit, Land ur- und nutzbar zu machen. Wenn im Westen angesichts der teilweise dramatischen Lebensbedingungen in Indien zum Schlachten der heiligen Kuh aufgerufen wird, wird oft vergessen, dass ein Ochse kurzfristig zwar den Hunger stillen, langfristig aber das Überleben sichern kann. Und erst die segensreichen Produkte! Milch ist Grundnahrungsmittel und Ausgangsprodukt von Lassi, Quark oder Molke. Ghee, geklärte Butter aus Kuhmilch, dient nicht nur der Essenszubereitung, es kann auch als Brennstoff für Lampen verwendet werden und ist Bestandteil der rituellen Feuerbestattung, denn der Leichnam wird vor der Verbrennung mit Ghee überschüttet. Kuhurin wird in der traditionellen Medizin als antiseptische und heilungsfördernde Essenz verwendet. Und zum Schluss wäre da noch der Kuhmist: Nicht nur als nährstoffreicher Dünger ist er geeignet, getrocknet dient er als Brennstoff (und ersetzt damit fast 80 Millionen Tonnen Holz), in feuchter Form dient er als Mörtel.

Eine Kuh ist unantastbar, weder darf sie angebunden noch eingesperrt werden. Nicht umsonst bemühte Gandhi die Kuh als Symbol für ein freies und unabhängiges Indien.

Wo im Straßenverkehr der Megametropolen ansonsten hemmungslos gedrängelt, kein Millimeter verschenkt wird, da ändert sich alles, wenn eine Kuh die Straße quert. Ein Verkehrsunfall mit einer Kuh – nicht auszudenken. Einer Kuh das Leben nehmen käme einem Mord gleich und brächte schlechtes Karma. Beseelt sind Mensch und Tier: Der Hinduismus glaubt an das Samsara, den ewigen Kreislauf der Wiedergeburten – und wer weiß schon, ob die Kuh-Seele früher nicht einmal einem Mitmenschen gehörte?

Kaum ein bekannter Künstler, der sich nicht wenigstens einmal eine Kuh als Motiv aussuchte: Albrecht Dürer, Pieter Brueghel, Vincent van Gogh, Paul Gauguin oder Franz Marc – um nur einige zu nennen – fanden Gefallen an dem Thema. Ob es daran gelegen hat, dass sich eine träumende Kuh so hervorragend als Charakterkopf porträtieren lässt?

straffällige Engländer, sondern auch Kühe, die nach Australien zwangsexportiert wurden. Man trifft sie in den Alpen und den amerikanischen Prärien, in den afrikanischen Savannen und den mongolischen Steppen, in den argentinischen Pampas und in indischen Großstädten. Alle sind sie kleiner als ihr Urahn, Färbungen und Zeichnung haben sich diversifiziert, Verhalten, Organsysteme und Sinnesorgane den neuen Gegebenheiten angepasst.

Bos primigenius war nicht das einzige Wildrind, das domestiziert wurde, allerdings erlangten alle anderen Hausrinder nur eine sehr lokale Bedeutung. Drei in Asien ansässige Wildrinder

Kühe sind Tiere mit einem ausgeprägten Sozialverhalten.

aus der Gattung der eigentlichen Rinder *(Bos)* wurden domestiziert: der Banteng *(Bos javanicus)* mit der Hausform Bali-Rind, der Gaur *(Bos gaurus)* mit der Hausform Gayal und der Yak *(Bos mutus)* als Hausyak. Nur der Kouprey *(Bos sauveli)* zeigte kein Interesse an einer Zähmung.

Von dem wilden Banteng gibt es isolierte Populationen nur noch in Myanmar, Thailand, Indochina und den indonesischen Inseln. Er gilt als stark gefährdete Wildrasse.

HAUSTIERRASSEN

PINZGAUER

Der Trend zur Spezialistenkuh bedroht so manche Rasse, am schlimmsten aber hat das Hochleistungsdenken die erwischt, die gleich an drei Fronten kämpfen: Milch, Fleisch und Arbeitskraft. Zu dieser Kategorie gehören auch die PINZGAUER. Wie viele Dreinutzungsrinder stammen sie aus einer Region, wo man schon aus ökonomischen Gründen aus seinem Nutztier das Möglichste herausholen muss. Der Pinzgau, gelegen im Bundesland Salzburg an der Grenze zu Tirol und Kärnten, lädt im Winter zum Skifahren, im Sommer zum Wandern ein. Was heute dem modernen Tourismus zuträglich ist, war für die bäuerliche Landwirtschaft zu Beginn des 19. Jahrhunderts hartes Brot. Da wurde die enorme Zugkraft des einheimischen Viehs bei der Bestellung des Bodens gern angenommen. Kühe aus Pinzgauer Zucht fanden im k.u.k. Österreich in Ungarn, Slowenien oder Rumänien reißenden Absatz. Exportschlager verlangen offenbar nach Vereinheitlichung der Marke. Die bunte Vielfalt der Pinzgauer wurde normiert: Unterbrochen von einem weißen Band entlang des Rückens und des Bauches musste das Rind kastanienbraun sein, die Beine sollten ebenfalls von weißen Bändern, sogenannten Fatschen, geziert werden. Doch im Zuge der Mechanisierung der Landwirtschaft war die Zugleistung des Pinzgauers nicht mehr gefragt. Durch Einkreuzungen züchtete man die Rasse mal zum fleisch-, mal zum milchbetonten Typ, so richtig mithalten konnte es aber auf keinem der beiden Gebiete. Seine Leistungsbereitschaft und Widerstandsfähigkeit sowie – nicht zu vergessen – das von Kennern als äußerst schmackhaft geschätzte Fleisch machen die Rasse dennoch zu einem beliebten Tier in der Mutterkuhhaltung. Etwa 90 Prozent des Weltbestandes an Pinzgauern findet sich außerhalb des eigentlichen Stammzuchtgebietes Österreichs.

SEIT WANN SIND KÜHE LILA?

Er gilt als Inbegriff des Supersportwagens, der traditionell Rote aus Maranello, und sein Markenzeichen ist ein steigender schwarzer Hengst. „Männchen machen", dachte sich da wohl Mitkonkurrent Lamborghini und erkor zum Logo: den Stier Murciélago, eine Legende der Corrida, der am 5. Oktober 1879 in der Arena von Cordóba heldenhaft seinem Matador entgegentrat und nach heftigster Gegenwehr begnadigt wurde, weil das Publikum verlangt hatte, auf den Todesstoß zu verzichten. 1948, als das Unternehmen gegründet wurde, hatte Ferrucio Lamborghini mit Sportwagen allerdings noch nicht viel im Sinn. Er baute Traktoren, und die galten nicht als die schlechtesten. Vielleicht war die Wahl seines Markenlogos eine späte Entschuldigung, weil er die traditionell auch als Nutztiere gebrauchten Ochsen der italienischen Lande sozusagen arbeitslos gemacht hatte.

Wer etwas über die Kuh in der Werbung erfahren will, sollte die Schweizer fragen. Dort wird seit den 1920er Jahren für Milch und Milchprodukte geworben, federführend unter der „Propagandazentrale der schweizerischen Milchwirtschaft". „Trinkt Milch! Esst schweizerische Milchprodukte!", hieß es 1922 noch in etwas holperigem Werbedeutsch. Das hat sich geändert. In den 1990er Jahren erfreute die schwarzbunte „Lovely" als Werbeträger die Schweizer mit gewitzten Kampagnen.

Die bekannteste Kuh der Welt dürfte die lila Milka-Kuh sein. Erdacht wurde sie von der Werbeagentur Young & Rubicam für das Schokoladenunternehmen Suchard, das heute zum Konzern Kraft Foods gehört. Schon 1901, als die erste Milka (eine Kombination der beiden Wörter Milch und Kakao) auf den Markt kam, war die Verpackung von einer Kuh geziert. Die war noch schwarzweiß, aber der alpine Hintergrund bereits lila eingefärbt. Die Kuh selbst bekam erst später ihre violette Farbe. Nach fast hundert Jahren zartester Versuchung war die Markenidentifikation so stark, dass 1995 bei einem Malwettbewerb in Bayern von 40 000 Kindern, die eine Kuh ausmalen sollten, jedes dritte den lila Buntstift zur Hand nahm. Seit dem ersten Werbespot 1973 tauchte die lila Kuh in mittlerweile über 100 TV-Spots auf. Als Rasse wählte man ein Symbol des schweizerischen Kuhhochadels: Die Milka-Kuh muss ein Simmentaler Fleckvieh sein. Die Firmenphilosophie verrät, dass die Kuh ein Symbol für Qualität sei, die als sympathisch, glaubwürdig, gutmütig und geduldig gilt. Bei 400 Millionen Tafeln verkaufter Schokolade jährlich auch „geschäftsfördernd".

Milch kann man nur mit Kühen bewerben, Stiere eignen sich dazu weniger. Die funktionieren eher bei Produkten, wo es um Härte, Mut oder Durchhaltevermögen geht, so etwa der bekannte spanische Osborne-Stier, der überlebensgroß in den spanischen Weiten von der Qualität des Veterano-Brandys zeugt. Als 1988 aufgrund einer Verordnung die Aufsteller abgebaut werden sollten, beharrten die stolzen Spanier auf ihrem Kulturgut. Der Disput endete vor dem Obersten Gerichtshof, der befand, dass ein ästhetisches und kulturelles Interesse an der Beibehaltung des „Toro de Osborne" bestünde.

Auch Werbung, die sich das Image des raubeinigen Cowboys zunutze macht, verzichtet weitgehend auf die Kuh. Die wiederum ist in Frankreich in aller Munde. Den Claim „La vache qui rit", gleichzeitig der Markenname des Schmelzkäses, den die Fromagerie Bel 1921 kreierte, kennen 95 Prozent aller Franzosen. Der Käse ist eine der bekanntesten nationalen Produkte überhaupt: Man verbindet die Marke fast automatisch mit der Verpackung, die die Abbildung einer lachenden Kuh zur Schau trägt, die in ihren Ohrringen wiederum die gleiche Abbildung zeigt. Auch so kann sich eine Kuh reproduzieren.

Fehlt eigentlich nur noch, dass sich die großen Fast-Food-Ketten mit ihren Burgern die Kuh als Warenzeichen in ihr Logo schreiben. Aber so weit geht der Kuhhandel denn doch nicht. Man mag schließlich nicht sehen, was man isst.

Über die Anfänge des Hausyaks ist nur wenig bekannt, spätestens gibt es ihn seit etwa 2000 v. Chr., heute ist er ein wichtiges Haustier im Hochland von Tibet und den angrenzenden Gebieten. Auch beim Bali-Rind ist der Zeitpunkt der Domestikation nicht geklärt, heute lebt es in Hinterindien, Assam und Bali. Der Gayal, das Stirnrind, ist ein halbzahmes indisches Rind, das von Bergstämmen wie den Nagas vorwiegend als Schlacht- und Opfertier gehalten wird.

Das einzige gezähmte Wildrind, das nicht der Gattung *Bos* angehört, ist der Wasserbüffel *(Bubalus arnee),* der als Hausbüffel besonders beim Reisanbau in vielen ostasiatischen Ländern von immenser Bedeutung ist.

Der Gayal ist die domestizierte Form des Gaur.

PLATE 32.

J. Stewart delt

Lizars sc.

THE GAYAL or Silhet Cattle.
Fred: Cuvier.

Die Welt der Kuh
Ist die Kuh auch noch so schwarz, sie gibt immerdar weiße Milch

Friedlich, gemächlich, fast schon phlegmatisch erscheint das Wesen der Kuh. Um genauer zu sein: das der heutigen Kühe. Ihr ursprüngliches Temperament als Wildtier lässt sich noch erahnen, wenn sich die Großherde auf der Weide, erschreckt durch ein unvorhergesehenes Ereignis, langsam, dann aber unaufhaltsam in Bewegung setzt.

Freudige Bocksprünge sind bestenfalls beim Auftrieb auf die Weide zu beobachten. Doch im Normalfall ist der Renngalopp der Kühe Sache nicht. Eher saumselig geht es zu bei der Kuh. Das hat zum einen damit zu tun, dass den heutigen Hausrassen durch permanente Selektion die wilden Seiten herausgezüchtet wurden, mehr aber noch damit, dass die Kuh aufgrund ihres Fressrhythmus und ihrer kolossalen Anatomie einfach nicht zum Rennen prädestiniert ist.

Anatomisches

Dabei ist Kuh nicht gleich Kuh. Das macht sich schon an der Kopfform bemerkbar. Der Kopf eines Tieres, das mehr zur Milchproduktion tendiert, ist eher schmal und länglich, der von Fleischtypen kurz und breit. Gemein sind beiden Typen aber einige unvergleichliche Merkmale. Da sind zum einen die Augen: Jeder Liebhaber wird der Dame seines Herzens gegenüber das zweifelhafte Kompliment vermeiden, sie habe die Augen einer Kuh – dabei gibt es im gesamten Tierreich wohl nur wenige Arten, die ein derart ausdrucksstarkes großes, dunkles „Fenster zur Seele" haben. Was bei den alten Griechen und Ägyptern noch als Schönheitsideal galt (Hera, die Gattin des Zeus, wurde auch als „Kuhäugige" bezeichnet, ein Zeichen von Anmut), wandelte sich im Laufe der Zeit zu einem Synonym für Stupidität und Glotzäugigkeit. Die Stellung der Augen verleiht der Kuh einen Blickradius von etwa 270 Grad, mit einer kleinen Kopfbewegung hat sie einen

Oben: Der Augen-Blick einer Kuh wird jeden Betrachter in seinen Bann ziehen.

Links: Kühe haben eine ausgezeichnete Nase, daher müssen Futter und Trog immer frisch riechen. Kot- oder Speichelgeruch finden sie abstoßend, ebenso wie den Geruch von tierischen Fetten. Mit Anisgeruch hingegen kann man jede Kuh an den Futtertrog locken.

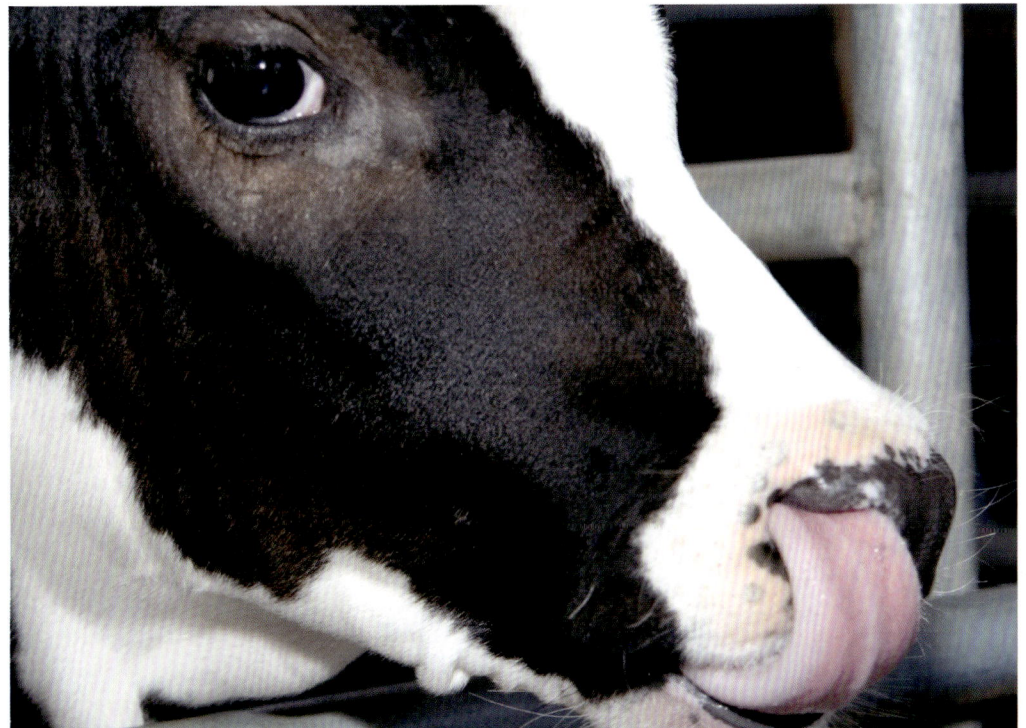

Gegenüberliegende Seite: Körperkontakt ist für Kühe gleichermaßen Demuts- wie Freundschaftsgeste und damit Ausdruck ihres Sozialverhaltens.

CHAROLAIS

Rotwein, Baguette und Käse – daran denkt man, wenn man sich ein französisches Picknick auf dem Lande vorstellt. Bei Brot und Wein kann die Kuh kaum tätige Mithilfe leisten, beim Käse schon. Umso erstaunlicher, dass von den etwa 25 Rassen, die Frankreichs Weiden bevölkern, zehn reine Mastrinderrassen sind. Beim CHAROLAIS war das nicht immer so, denn im südlichen Jura des 18. Jahrhunderts konnte man es sich kaum leisten, eine Kuh nur wegen ihres Fleisches zu halten. Die Karriere des Charolais-Rindes begann als Dreinutzungstyp. Züchterische Einflüsse gab es schon im 19. Jahrhundert, doch erst im 20. Jahrhundert wurde Frankreichs Köchen bewusst, dass sich das fein marmorierte Fleisch eines Charolais ganz hervorragend für ein *Filet Bourguignonne* eignet. Eben dort liegt auch der regionale Schwerpunkt: Im Burgund leben die weißen bis cremefarbenen Rinder über neun Monate im Jahr draußen, meist in artgerechter Mutterkuhhaltung. Romantisch, sicherlich, wenn man sich vorstellt, wie sich die Kuh nebenbei mit einem Gläschen Beaujolais vergnügt, aber hier zählen harte Fakten: Und die lauten, dass das Charolais vor allem auch ein wirtschaftliches Tier ist. Es zeigt extrem hohe Tageszunahmen an Fleisch, und bei 70 Prozent Ausschlachtung bringt die Kuh auch nach ihrem Tod ihrem Halter Freude.

perfekten Rundumblick – für ein Fluchttier überlebenswichtig. Dass sie dennoch manchmal wie ein Ochs vorm Berg steht, mag der Tatsache geschuldet sein, dass sie ein eher verschwommenes Bild von der Welt hat, auch wenn sie in der Dämmerung wesentlich besser als der Mensch sehen kann. Auch ihre Wahrnehmung von Farben entspricht nicht der des Menschen. Das „rote Tuch" wird gar nicht als solches wahrgenommen, vielmehr sind es die Bewegungen der Muleta, die einen Stier aggressiv machen. De facto wirkt ein gelber Friesennerz auf ein Rind wesentlich attraktiver als ein rotes Ballkleid.

Hören können Kühe ausgezeichnet, und ihr Geruchssinn ist 15-mal besser als der des Menschen: kein Wunder bei den riesigen, überaus empfindlichen Nasenlöchern, die direkt über dem Maul liegen. Dieser Bereich, das sogenannte Flotzmaul, wird permanent feucht gehalten, weil sich dadurch, wie bei Hunden, die Geruchsempfindlichkeit steigern lässt. Im Übrigen ist die Nase einer Kuh so etwas wie der Fingerabdruck beim Menschen: Kein Flotzmaul einer Kuh findet eine identische Entsprechung bei einem Artgenossen.

Das Schottische Hochlandrind gehört zu den wenigen Rassen, an denen sich anhand der Hornstellung der Geschlechterunterschied dokumentiert. Die Herren der Schöpfung (links) tragen ihr Gehörn nach vorn gerichtet, bei dem weiblichen Tier (rechts) zeigt das Horn imposant nach oben.

Ganz unterschiedlich dagegen ist die Ausformung der Hörner – sie reicht von „nicht vorhanden" bis zu den überdimensionalen Hörnern der Longhorn- oder der afrikanischen Watussi-Rinder. Im Biolandbau lässt man den Tieren zumeist ihre Hörner, in der konventionellen Landwirtschaft werden ihnen, meist schon als Kälbchen, die Hörner ausgebrannt oder weggeätzt. Bei der engen Massentierhaltung im Stall soll so die Verletzungsgefahr für die Tiere (und auch die sie betreuenden Menschen) verringert werden. Dagegen sagt das Vorhandensein von Hörnern kaum etwas darüber aus, ob es sich um ein weibliches oder männliches Rind handelt, auch wenn die Hörner der Bullen meist etwas kürzer, gerader und dicker sind.

Zwar ist die hornlose Kuh ihrer angeborenen Selbstverteidigungswaffe beraubt, doch schon allein aufgrund ihrer Masse bleibt sie ein nicht ganz ungefährlicher Spielgefährte: Bei einem Gewicht von 500 bis 800 Kilogramm bei weiblichen und 1000 bis 1200 Kilogramm bei männlichen Tieren schmerzt nicht nur ein versehentlicher Tritt auf die menschlichen Füße, in Bedrohungssituationen haben Kühe die Angewohnheit, ihre Reihen fest zu schließen. Es empfiehlt sich dann keinesfalls, sich dort solidarisch einzureihen.

Wie so ziemlich alles bei der Kuh ist auch der Rest vor allem eines: voluminös. 65 laufende Meter zählen die Gedärme einer erwachsenen Kuh, die Harnblase kann zur Größe eines Fußballs wachsen und auch die Gebärmutter, in der ein bis zu 50 Kilogramm schweres Kalb Platz findet, darf man sich durchaus geräumig vorstellen.

Schwarzweiße Drohgebärde: Der nach unten gerichtete Kopf ist eine klassische Kampfansage. Als die Kühe noch Hörner hatten, war diese Geste für jeden Angreifer ein eindeutiges Zeichen. Wenn sie fehlen, kann man immer noch versuchen, einen ungebetenen Gast zu erdrücken, indem die Reihen fest geschlossen werden.

LIMOUSIN

Die Region Limousin in Zentralfrankreich ist der am schwächsten besiedelte Teil des Landes. Trotzdem ist der Name jedem Gourmet geläufig. Das liegt an der exzellenten Spezialität, die aus dieser Region kommt, der Limousine unter den Rinderrassen sozusagen. Die Fleischqualität ist legendär, Sterneköche schwören darauf, und ein Filetstück vom **LIMOUSIN** wird immer ein paar Euro teurer sein als das einer anderen Rasse. Dabei sind es nicht einmal, wie man vielleicht erwarten könnte, die größten Tiere auf Frankreichs Weiden, die weltweit die besten Preise erzielen. Das mag daran liegen, dass die klimatischen Bedingungen nicht ganz so vorteilhaft sind und das Limousin deswegen ein etwas zarteres Skelett und auch ein geringeres Gewicht aufweist als etwa ein Charolais. Die einfarbig rotbraunen Limousins, nur um Augen und Flotzmaul heller, sind robust, genügsam und anpassungsfähig, worin sie den **SALERS** aus der Auvergne ähneln. In den französischen Mittelgebirgsregionen werden sie teilweise ganzjährig im Freien gehalten. Diese Qualitäten sprachen sich auch bei deutschen Züchtern herum, die zudem versuchten, nach der Einführung der Milchquote in den 1980er Jahren ihre Milchrassen mit den französischen Nachbarn einzukreuzen, um sie so ein wenig fleischlicher werden zu lassen. In über 60 Ländern sind die Limousins heute zu finden.

Wiederkäuen

Lassen sich, was die inneren Organe wie Herz, Leber oder Lunge angeht, noch Ähnlichkeiten mit der menschlichen Anatomie feststellen, so machen die Verdauungsorgane die Kuh – wie alle Wiederkäuer – zu einer extrem effizienten Kreatur, wenn es darum geht, Grünfutter in Fleischmasse oder Milch umzuwandeln. Ihre vegetarische Kost nehmen sie durch gemütliches Zupfen und Rupfen von Gras auf – es sei denn, die arme Kuh darf nicht auswärts essen und bekommt ihr Futter fertig gemischt und rationiert vom Kraftfutterautomaten in den direkt vor ihrer Nase stehenden Trog. Eine Kuh hat kein ordentliches Gebiss im herkömmlichen Sinne. Eine

Der Lieblingsbeschäftigung des Wiederkäuens geht man am liebsten in der Gruppe und in bequemer Liegestellung nach.

Hornplatte im Oberkiefer ersetzt die Schneidezähne und lässt die Nahrungsaufnahme eher mühsam und unelegant erscheinen. So ordentlich ist der Appetit, dass er erst einmal mit einer entsprechenden Menge Flüssigkeit begossen werden muss: Eine Kuh trinkt pro Tag gut und gerne 50 Liter Wasser. Und dann beginnt das Wiederkäuen, am liebsten ausgeführt im beschaulichen Liegen, denn das Fressen war schon anstrengend genug. Was beim Menschen nach dem Kauen

So eine Kuh hat schon viel zu tun: Den Großteil ihrer Zeit widmet sie der Nahrungssuche und -aufnahme. Im Pansen allerdings rumort es heftig. Hauptsache, man hat sich dazu ein beschauliches Plätzchen ausgesucht, sei es am Strand oder inmitten einer romantischen Alpenkulisse.

durch die Speiseröhre in den Magen rutscht, landet bei der Kuh erst einmal im Pansen. Dieser geräumige Vormagen kann bis zu 200 Liter der grünen vegetarischen Suppe aufnehmen, und wenn er nicht gut gefüllt ist, sieht man das der Kuh an. Gleich einem magersüchtigen Model fällt sie hinter ihrem Rippenbogen zwischen Lende und Becken förmlich zusammen, man spricht von der sogenannten Hungergrube.

Der Pansen funktioniert wie eine Gärkammer. Eine Unzahl von Bakterien und Einzellern spalten die langen Molekülketten der Zellulose, dem Hauptbestandteil des Grünfutters, das für andere Geschöpfe nur schwer verdaulich ist, auf und vergären sie. Durch einen Reflex wird der vorverdaute Brei wieder durch die Speiseröhre ins Maul gewürgt und was die Kuh bei der ersten Futteraufnahme vernachlässigte, wird jetzt kräftig nachgeholt. Etwa 50 Mal wird jeder Bissen kräftig durchgekaut, natürlich unter Zuhilfenahme einer erheblichen Menge an Speichel, und dann wieder heruntergeschluckt. Danach kommen die drei anderen Mägen ins Spiel. Wenn der Speisebrei im Pansen genügend zersetzt ist, wandert er in den Netzmagen und von dort in den Blättermagen oder Psalter, wo das Futter wie ein Sieb durchgedrückt wird, bis es schließlich im letzten Magen der Kuh, dem Labmagen, endet.

Von dort aus gehen die Verdauungsvorgänge weiter, wie man das von Verdauungsvorgängen kennt: Durch Dünn- und Dickdarm gewandert, verlassen die Reste schließlich die Kuh und enden mit einem dicken Fladen auf der Weide oder auf dem Boden des Stalls. Und das, was hier belanglos als „Rest" bezeichnet wird, ist nicht wenig – an die zehn Liter Urin sowie 30 bis 50 Kilogramm Kot fabriziert eine Kuh pro Tag. Als Dünger, Brennstoff oder Baumaterial leistet er im Kreislauf der Natur wertvolle Dienste. Besonders klimaneutral arbeitet die Kuh dabei allerdings nicht, denn neben Mist und Harn produziert sie auch reichlich (bei Milchkühen über 200 Liter pro Tag) Methan, für die Erderwärmung ein bedenkliches Treibhausgas. Die Kuh deswegen als Klimakiller zu verdammen wäre aber ungerecht. Laut Umweltbundesamt sind deutsche Rinder nur mit etwa zwei Prozent an den Gesamtemissionen beteiligt. Das ist nicht wirklich alarmierend und verglichen mit dem Auto, das nicht einmal wiederkäuen kann, vernachlässigbar.

Wie die Kuh zum Kalb kommt

Um es gleich vorwegzunehmen: meist nicht auf „normale" Art und Weise. In Zeiten der Effizienzsteigerung in der Tierhaltung ist der Kuh nur noch selten das Liebesspiel vergönnt. Man darf sich angesichts der Intensität des Deckaktes fragen, ob ihr dies schnurz ist, denn der natürliche Paarungsakt dauert nur wenige Sekunden.

Bis es dazu kommt, müssen allerdings einige Voraussetzungen erfüllt sein. Mit etwa sieben Monaten werden Kühe geschlechtsreif. Sie gelten dann als Färse (regional auch Starke, Sterke oder Kalbin) und sind ab da alle drei Wochen brünstig. Madame wird unruhig, frisst weniger und macht ihrer Lust auf Liebe durch lautes, durchdringendes Muhen Luft. Aber auch die äußeren Anzeichen sind nicht zu übersehen. Die Scheide sondert einen klaren, zähen Schleim ab, der, läuft ein Bulle in der Herde, schon in der Vorbrunst mit sicherer Nase erschnüffelt wird. Die liebeshungrigen Damen bespringen, ganz in der Manier eines Bullen, sogar ihre eigenen Geschlechtsgenossinnen, sind aber auch bereit für den Deckakt des anderen Geschlechts. Lässt man der Natur ihren Lauf, prüft der Bulle das „Stehvermögen" seiner Partnerin durch Kopfauflegen, springt auf seine Partnerin auf, vollführt einige Friktionsbewegungen und samt mit einem kräftigen Nachstoß ab.

Männer sind – auch bei den Rindern – einfach gestrickt. Einmal entflammt, sind sie bei der Wahl des Objektes der Begierde nicht wählerisch. Verantwortlich dafür ist der Torbogenreflex: Eine Kuh von hinten gesehen ähnelt in etwa einem Torbogen und so wird alles besprungen, was auch nur entfernt an die Silhouette eines derartigen Torbogens erinnert. Das muss nicht einmal eine Kuh sein, es kann sich auch um eine Attrappe, ein sogenanntes Phantom, handeln.

Der Natursprung hat fast schon Seltenheitswert. Die Fortpflanzung liegt heute zumeist in den Händen von Tierärzten und Besamungstechnikern.

BLONDE D'AQUITAINE

Für Köche und Gourmets war Rindfleisch aus französischen Landen lange mit den beiden oben beschriebenen Rassen verbunden. Das hat sich seit den 1960er Jahren zwar nicht grundlegend verändert, aber in die Phalanx von Limousin und Charolais stieg eine dritte im Bunde auf: Blond, vielmehr hellgelb bis weizenfarben ist sie, und elfenbeinfarbene Hörner sind ihr Kennzeichen. Ähnlich wie Limousin und Charolais haben die Blonden aus Aquitanien den Hang, trotz einer immensen Umsetzung von Futter in Muskelmasse – bis zu 1700 Gramm Tageszunahmen sind keine Ausnahme – nur in geringem Maße Fett einzulagern. Entstanden sind die südfranzösischen Schönheiten aus den drei Rassen GARONNAIS, QUERCY und BLONDE DES PYRENEES, allesamt Regionaltypen, die hinsichtlich ihrer Futtergrundlage und gegenüber klimatischen Bedingungen äußerst anpassungfähig waren. Was die BLONDE D'AQUITAINE darüber hinaus auszeichnet, ist ihre Leichtkalbigkeit: Durch die Form des Beckens und die Anatomie der Kälber bei der Geburt fällt es ihnen leicht, ihren Nachwuchs auf alle Viere zu stellen. 95 Prozent ihres Nachwuchses wird ohne Hilfe zur Welt gebracht, und dennoch haben die Kälber bei der Geburt durchaus schon einmal bis zu 50 Kilogramm Gewicht. Die guten Rasseeigenschaften werden auch berücksichtigt, wenn es darum geht, die Qualitätsmerkmale von Milch- und Fleischrindern miteinander zu verbinden. In einem Großversuch des Braunviehzüchterverbandes fiel darum die Wahl geeigneter Kandidaten zur Einkreuzung auf die französischen Blondschöpfe. Auf über 250 000 Exemplare schätzt man die Gesamtpopulation reinrassiger Blondes auf Frankreichs Weiden.

Wo man einen Bullen derart leicht aufs Glatteis oder vielmehr aufs Kuhphantom führen kann, da braucht es nicht zu wundern, dass dieses Verhalten von der Reproduktionsfraktion gnadenlos ausgewendet wird. Immerhin hat die Natur dem Ejakulat eines exzellenten Deckbullen an die acht Milliarden Samenzellen mitgegeben – reproduktionstechnisch gesehen glatte Verschwendung. Hat der „Samenraub" erst einmal stattgefunden, wird in Besamungsstationen das Ejakulat des Bullen, das ihm auf raffinierte Art und Weise entlockt wurde, auf seine Qualität überprüft und dann weiterverarbeitet. Weiterverarbeitet heißt: Aus einem Ejakulat werden mittels Verdünnung bis zu 500 Portionen hergestellt, die dann tiefgefroren und schließlich bei minus 196 Grad Celsius in flüssigem Stickstoff aufbewahrt werden können, und das fast ohne Mindesthaltbarkeitsdatum. Ein Zuchtbulle ist acht bis zehn Jahre sexuell aktiv. Pro Woche kann man ihn problemlos zwei- bis dreimal mit dem Phantom hereinlegen. Es lässt sich also leicht ausrechnen, wie viele Nachkommen ein Spitzenbulle produzieren kann. Sogar wenn er schon tot ist.

Allerdings sollte auch kein Mensch einem hinter ihm stehenden Bullen beispielsweise durch Bücken die Gelegenheit geben, ihn mit einem Torbogen zu verwechseln.

In der Rinderzucht geht es darum, möglichst vorhersehbare Resultate zu erzielen, die eine einmal erreichte Qualität oder einen Standard reproduzieren. Eine gezielte Auswahl und bestimmte Zuchtergebnisse sind im Grunde nur mit der künstlichen Besamung durchführbar. Nun ist der männliche Teil nur die eine Hälfte des Himmels – auch die weiblichen Tiere tragen Qualitätsstandards, die ein Züchter gern weitergeben würde. Auf natürliche Weise ist er da allerdings Beschränkungen unterlegen, da eine Kuh nur eine verhältnismäßig geringe Nachkommenzahl hat. Eine Tragezeit von neun Monaten und ein Kalb pro Geburt (die Häufigkeit von Zwillingsgeburten liegt bei lediglich zwei Prozent) verhindert, dass sich die besten Hochleistungs-Milchmaschinen ungezügelt reproduzieren lassen. Dank Embryonentransfer ist das heutzutage – für die einen gottseidank, für die anderen leider – möglich, ja oft schon der Normalfall. Das Verfahren

Bei einem Geburtsgewicht von bis zu 50 Kilogramm wundert es kaum, dass eine Kuh vor dem Abkalben eine recht umfangreiche Leibesfülle erreicht.

hört sich einfach an: Durch gezielte Hormonbehandlung wird die Kuh animiert, nicht nur eine, sondern gleich zwanzig oder dreißig Eizellen reifen zu lassen. Anatomisch ist das aufgrund der Größe der Gebärmutter möglich, allerdings nur für etwa eine Woche. Dann werden die Embryonen ausgespült und auf Leihmütter verteilt. Ähnlich wie das Bullensperma können Embryonen auch bei Tiefsttemperaturen überwintern und so beliebig in die ganze Welt verteilt werden.

Die Biotechnologie macht natürlich nicht bei der Erzeugung von Nachkommen halt. Geklonte Kühe gibt es inzwischen zuhauf; was die Transgenik erreichen kann, mag für den einen erstrebenswertes Wunschdenken sein, für den anderen ist es der Albtraum der schönen neuen Kuhwelt.

Vom Kalb zur Kuh

Ob auf natürlichem Wege oder durch die fingerfertige Hand eines Besamers – nach vier Tagen ist das befruchtete Ei in der Gebärmutter, ab der fünften Woche reift der Embryo zum Fötus heran, Organe und Gliedmaßen sind schon zu erkennen. Das Wachstum ist exponenziell. Nach vier Monaten bringt der Nachwuchs gerade einmal fünf Kilogramm auf die Waage, am Ende der Tragzeit muss sich Frau Kuh mit 40 bis 50 Kilogramm herumschleppen. Sechs bis acht Wochen vor der Geburt wird die Mutterkuh trockengestellt, also nicht mehr gemolken. Die Geburt kündigt sich dadurch an, dass das Euter wächst und prall wird sowie die breiten Beckenbänder einfallen. Die Kuh wird unruhig, legt sich wiederholt hin und steht wieder auf. Das Muhen ähnelt jetzt mehr einem Brummen, mit dem Hinterbein schlägt die Kuh nach ihrem Bauch. Der Geburtsvorgang selbst dauert zwei bis drei Stunden, bei Erstlingen auch schon einmal vier

Erste Schritte auf dem Weg in die neue Welt. Die Mutter hilft dabei, indem sie das Kalb mit ihrer rauen Zunge trockenleckt. Damit bringt sie Atmung und Kreislauf in Schwung und identifiziert das Kalb als ihr eigenes.

Die klassische Position beim Säugen ist die verkehrt-parallele Stellung. Das Kalb hat so den besten Zugang zum Euter der Mutter, die Mutter kann per Geruchskontrolle prüfen, ob es sich tatsächlich um das eigene Kind handelt.

Stunden und wird meist in liegender Position durchgeführt. Im Normalfall erledigt die Kuh die Austreibung von selbst, Hilfe des Menschen ist nur dann vonnöten, wenn sich eine schwere Geburt ankündigt, das Kalb beispielsweise zu groß oder das Becken des Muttertieres zu eng ist oder das Kalb mit den Hinterbeinen voran kommt.

Verläuft die Geburt komplikationslos, wird die Mutter ihr Neugeborenes trockenschlecken und freundlich anbrummen. Das Kalb lernt so die Stimme der Mutter kennen und die Mutter den Geruch ihres Kindes. Die ersten Schritte für die Mutter-Kalb-Prägung sind gelegt, die Voraussetzung dafür, dass ein Kuhkind seine Mutter später auf der Weide zweifelsfrei identifizieren kann. Eine halbe Stunde nach der Geburt wird das Kälbchen die ersten Versuche unternehmen, die Welt auf allen Vieren zu begrüßen und anschließend das Euter der Mutter zu finden. Die sogenannte Biest- oder Kolostralmilch, die das Muttertier nach der Geburt produziert, verpasst dem Neugeborenen die nötigen Abwehrkräfte gegen Stall- und andere Umweltkeime. Für den menschlichen Genuss ist diese Milch vollkommen ungeeignet. Typisch beim Säugen ist die verkehrt parallele Stellung von Kalb und Kuh, bei der das Muttertier die Schnüffelkontrolle durchführen kann. Solange das Kleine sich am Euter der Mutter bedient, ist diese Stellung obligatorisch; findige Kälbchen umgehen diese Kontrolle allerdings, indem sie sich einfach von hinten an das Euter einer Mutterkuh heranpirschen. Zehn- bis zwölfmal täglich wird das Kleine ab jetzt die nächsten zehn Wochen die Milchtankstelle aufsuchen. Ab der dritten Woche interessiert sich das Kalb dann auch schon für anderes Grünzeug. Heu, Kraftfutter und frisches Wasser dienen der Aufzucht, bis nach etwa drei Monaten das Kälbchen ein voll funktionsfähiges Vormagensystem hat und somit ein kompletter Wiederkäuer geworden ist. Ein Schluck aus dem Euter der Mutter wird aber gern noch im gesamten ersten Jahr genommen.

Die Mutterkuhhaltung, bei der Kalb und Kuh für fast ein Jahr zusammenbleiben, bis sich das nächste Kalb ankündigt, gilt zwar als artgerecht und auch naturnah, ist aber – Zyniker mögen sagen: gerade deswegen – nicht an der Tagesordnung. Bei dieser Art der Aufzucht wird die Kuh (außer von ihrem Kalb) nicht gemolken, für milchwirtschaftlich organisierte Betriebe ist diese Haltungsart also schlichtweg unrentabel. In der Fleischrinderzucht hat die Mutterkuhhaltung allerdings einen durchaus großen Anteil. In den Sommermonaten laufen die Kälber mit ihren Müttern auf der Weide, im Winter werden die Tiere in Laufställen gehalten. Das hört sich vernünftig und romantisch an, eine frühe Trennung von Mutter und Kind ist allerdings der Regelfall, wird von Tierschützern und im Ökolandbau aber abgelehnt.

Auf Wachtposten: Kühe sind nicht nur neugierige Tiere, bei drohender Gefahr können sie gefährlich werden. Der Blick des Aberdeen Angus in der Mitte jedenfalls scheint zu sagen: „Bleib' mir vom Acker!"

Wie Kühe mit Kühen umgehen

Kühe sind Herdentiere, ein Umstand, den man am ehesten noch in der afrikanischen Rinderhaltung beobachten kann. Der enge Zusammenhalt hat dort aber ganz klare Ursachen: Je größer und dichter sich die Herde von Einzeltieren gibt, desto schwerer ist es für Fressfeinde, ein Beutetier zu ergattern. Aber auch auf den hiesigen Kuhweiden kann man das Schema dieses Schutzmechanismus noch erkennen. Für den unbeteiligten Zuschauer scheint es

PIEMONTESER

Wer es in Italien auf Platz drei schafft, der muss schon einige Qualitäten haben. Nach Schwarzbunten und Braunen ist der weiße bis graue PIEMONTESER der Stolz jedes norditalienischen Bauern. Und doch gehen auch die heißesten Latin Lover irgendwann den Weg alles Fleischlichen. Mehr als 85 Prozent beträgt der Anteil des verkaufsfähigen Fleisches im Schlachtkörper, und die 85 Prozent haben eine extrem feine, zarte und fettarme Qualität. Bis es dazu kommt, zeigt das Tier sich von den besten Seiten eines typischen Umsatztyps: Eine Tagzunahme von 1300 bis 1500 Gramm sind normal. Die Bullen aus dem Piemont werden darum auch vielfach für Gebrauchskreuzungen bei Milchrassen eingesetzt, um den Fleischanteil zu erhöhen. Der Piemonteser hat einen Hang zur Doppellendigkeit, den Bullenvater erfüllt's mit italienischem Stolz, dem Halter ist es eine Freude, für die Kuh allerdings meist ein Elend, denn die Geburt solcherart Kälber verläuft meist nicht komplikationslos. Ein echtes Piemonteser Rind aber ist kein Weichei. Es ist unempfindlich gegen schlechtes Wetter, seine Gliedmaßen, Gelenke und Sehnen und wichtiger noch, die Klauen, machen es zu einem Tier mit langer Nutzungsdauer. Und, für einen Italiener so gar nicht selbstverständlich, gilt der weiße Riese aus dem Piemont als gutartiges Herdentier mit vorbildlichem Sozialverhalten. Wie der Piemonteser allerdings zum Zebublut gekommen ist, ist bis heute ein Rätsel. Die Schädelstruktur und der Brustwirbelbereich sind dafür allerdings ein eindeutiges Indiz.

sich um Individualisten zu handeln, der Tagesablauf innerhalb der Herde ist allerdings sehr gruppenidentisch: Fressen – Ruhen – Wiederkäuen, der Rhythmus innerhalb der Herde ist synchron. Wenn die Leittiere zu Grasen beginnen, wird kein Gruppenmitglied auf seiner wiederkäuenden Wampe liegen bleiben und niemand in der Herde seinen Kopf in eine andere Richtung drehen als die Mehrheit.

Die Größe der Sozialverbände kann variieren. Bei mehr als 200 Tieren ist die kritische Grenze erreicht, bei Gruppen, die mehr als 50 Tiere umfassen, bilden sich Untergruppen, die zu dem klassischen Sozialverband von 10 bis 15 Tieren führen.

Wo eine Gruppe ist, entwickelt sich zwangsläufig eine Hierarchie, das ist bei Kühen nicht anders als bei Menschen. Bei Kühen ist die Rangordnung von mehreren Faktoren abhängig. Bei einer gleichgeschlechtlichen Gruppe legt die „Hackordnung" beispielsweise das Fressverhalten fest. Kühe sind da zwar nicht stutenbissig, machen durch Signale

Afrikanische Rinderherden haben wegen ihrer Bedrohung durch Fressfeinde das ausgeprägte Sozialverhalten, eng beieinander zu grasen.

aber ganz klar, welche Position sie beanspruchen. Durch das markante Schwenken ihres Kopfes macht eine dominante Kuh der rangniederen deutlich, was sie von ihr hält. Ein solches „Platz da, du dumme Kuh" ist aber wiederum abhängig davon, wie groß die Gruppe ist, ob es ausreichend Futter und genügend Raum zum Ausweichen gibt. Auf einer Weide ist das meist kein Problem, in zu engen Ställen führt dieser Umstand aber dazu, dass rangniedere Tiere permanent am Fressen gehindert werden. Diese gar nicht subtile Art des Mobbings ist allerdings nicht immer linear organisiert. Die Hierarchie wird zwar angeführt von Chefinnen, die sich durch Alter, Größe und Gewicht ihren Platz gesichert haben, im mittleren Management gibt es aber keine klare Rangfolge.

Ganz anders sieht die Sache aus, wenn ein Bulle mit der Herde läuft. Auch hier zeigt sich, dass 95 Prozent der DNS von Rindern und

Menschen identisch sind. Bei Kuhs ist der Mann Herr im Haus beziehungsweise im Stall oder auf der Weide. Seine Stellung wird durch deutliches Imponiergehabe und lautes Muhen untermauert. Als Fremder sollte man dieses Dominanzverhalten durchaus ernst nehmen, denn mit der Individual- oder Fluchtdistanz von Kühen ist schon wegen ihrer Masse nicht zu spaßen – bei Bullen wird das noch unangenehmer. Die oben angesprochene Distanz bezeichnet den Raum um das Tier, in den sich ein Eindringling, ob Mensch oder Tier, nähern darf. Bei Kühen liegt er bei etwa einem Meter. Gerät man in diesen magischen Kreis, gibt es für das Tier zwei Optionen: Flucht (Glück für den Eindringling, außer wenn es um das Einfangen der Kuh geht) oder Angriff (Pech für den Eindringling, wenn er ein Mensch und der sich in seiner Intimsphäre verletzt Fühlende ein Bulle ist).

Nur gute Bekannte, egal ob Hörner- oder Hutträger, dürfen folgenlos diese Distanz unterschreiten. Dann wird das Gegenüber freundlich begrüßt, ein Ranghöherer mit gestrecktem Hals und gesenktem Kopf, ganz wie es sich gehört. Handelt es sich um besonders gute Bekannte, wird die Nähe mit gegenseitigem Ablecken untermauert, ein Freundschaftsdienst mit rauer Zunge sozusagen. Kann man das Sozialverhalten der Kühe richtig interpretieren, wird man daraus handfeste Konsequenzen für die Haltung ableiten: Platz, Raum, Fluchtzonen müssen geschaffen werden, und nur wer sich als Halter der Kuh schon in deren jugendlichen Jahren durch vertrauensvolles und unbedrohlichen Einschmeicheln und ständigen Kontakt in der Herde einen Platz erwirbt, wird mit Kühen keine Probleme haben.

Eine domestizierte Herde hat eine feste Hierarchie. Im Normalfall hat der Bulle die Leitfunktion inne, aber auch Menschen kann es gelingen, als Oberrindvieh anerkannt zu werden.

Fleisch oder Milch

Typus digestivus" heißen sie im Kuh-Fachchinesisch, die Damen und Herren der Gattung Kuh, die vornehmlich für den Verzehr gezüchtet werden. Umgangssprachlich heißen sie auch Verdauungs- oder Ansatztyp, und dieser Begriff ist schon aussagekräftiger, denn in der Tat tun diese Exemplare nichts weniger, als jeden Tag etwas mehr anzusetzen. Vor allem Muskelmasse. In Deutschland gibt es kaum einheimische Rassen dieser Art, meistens handelt es sich um Importe wie Charolais oder Piemonteser. Eine Milchleistung ist bei den Kühen zwar vorhanden, aber bescheiden, ihr Sinn und Zweck ist es – man mag es bedauern, muss den Tatsachen aber ins Auge sehen –, in die Pfanne gehauen zu werden. Solche Intensivmastrassen können täglich locker 1000 Gramm zunehmen, gedankt der energiereichen Kost, die man ihnen vorsetzt und die vornehmlich aus Gras- und Maissilage, Kraft- und Mineralfutter sowie Rohprotein besteht.

Das Gegenstück zum Bodybuilder ist die Hochleistungsmilchmaschine. Man nennt sie „Typus respiratoris" oder auch Umsatztyp, einfach deswegen, weil sie alle Futterenergie, die sie aufnimmt, in Milch umsetzt. Auch hier haben sich inzwischen diverse Rassen herausgebildet beziehungsweise sind zu solchen gezüchtet worden, die ins Guinness-Buch der Milchrekorde führen. Zu den Champions gehören Rassen wie die Jerseykuh oder auch die Holstein Friesian. *La vache qui rit*, da kann die Kuh nur müde lächeln: Lag die Jahresleistung einer durchschnittlichen Milchkuh in den 1950er Jahren bei etwa 650 Liter, geben sie heute 5000 bis 10 000 Liter. Der Zucht und der Ernährungswissenschaft sei Dank.

Für welche Kuh sich ein Bauer entscheidet, hängt von vielen Faktoren ab: In Zeiten schwieriger Marktgegebenheiten, wenn etwa die Milchpreise im Keller sind, wird sich jeder Milch-Produzent die Haare raufen. Zu den Zeiten, als durch Fleischskandale und BSE die Nachfrage nach Rindfleisch zusammenbrach, rieben sie sich die Hände. Da fährt man gut mit Zweinutzungsrassen, Kühen also, die zwar keine eierlegenden Wollmilchsäue sind, aber von beiden Typen etwas haben.

Tatsache ist, dass man als Besitzer einer Milchkuh ein fast konkurrenzloses Produkt erzeugt. Was ihr Fleisch angeht, muss das Rind mit anderen Spezies um die Gunst der Köche buhlen, von Schwein bis Känguru kann schließlich alles auf den Teller kommen. Anders sieht es mit der Milch aus. Natürlich wäre hier noch Stuten-, Kamel- oder Ziegenmilch zu erwähnen, zumindest EU-weit aber bedeutet „Milch" ausschließlich die Milch von Kühen. Und an die muss man erst einmal herankommen. Ob Milch tatsächlich müde Männer munter macht, mag dahingestellt sein. Auf jeden Fall macht das inbrünstige Muhen der Kuh, wenn sie ihr weißes Gold los-

Das Melken per Hand ist in bäuerlichen Betrieben eher selten.

werden will, den Melker munter. Die Zeiten, als das Bäuerlein frühmorgens und abends mit dem Melkschemel zur Kuh ging, sind allerdings vorbei. Wer jemals selbst gemolken hat, kann auch nicht wirklich verstehen, warum diesem Vorgang so viel Romantik beigemessen wird – es ist harte (vor allem Hand- und Unterarm-)Arbeit. Zweimal pro Tag, am besten im Abstand von zwölf Stunden, sollte die Kuh gemolken werden, ein Melkgang zwischendurch ist zwar möglich, erhöht aber nur geringfügig die Produktion. Inzwischen ist das Melken ein weitgehend automatisierter Vorgang, bei dem die Mitarbeit der Kuh nicht nur erwünscht, sondern geradezu unabdingbar ist. Das Nonplusultra sind Melkroboter, bei denen überhaupt kein Mensch mehr in den Vorgang des Melkens integriert ist. Normal sind allerdings halbmaschinelle Melkstände, bei denen das Melkzeug mittels einer Vakuumpumpe die Saugbewegungen des Kalbes imitiert. Dafür allerdings muss die Kuh hormonell auf der Höhe sein, denn die Milch kommt nicht ganz freiwillig aus den Zitzen. Es muss einen äußeren Reiz geben, etwa das Spielen des Kalbes am Euter, das beim Handmelken durch das sogenannte Anrüsten, das Massieren des Euters und der Zitzen durch den Melker, imitiert wird. Der Reiz bewirkt, dass die Hirnanhangdrüse das Hormon Oxytocin, beim Menschen auch als „Kuschelhormon" bekannt, ausschüttet, mit der Folge, dass sich die Muskelfasern im Euter zusammenziehen. Erst dadurch wird die Milch in die Zitzen gepresst, sie „schießt ein". Danach sollte es allerdings schnell gehen auf dem Melkstand, denn die Wirkung des Hormons ist nur wenige Minuten funktionstüchtig. Bis dahin sollte der Melkvorgang abgeschlossen sein. Danach kann die Kuh wieder an ihren Platz, der allerdings recht unterschiedlich aussehen kann.

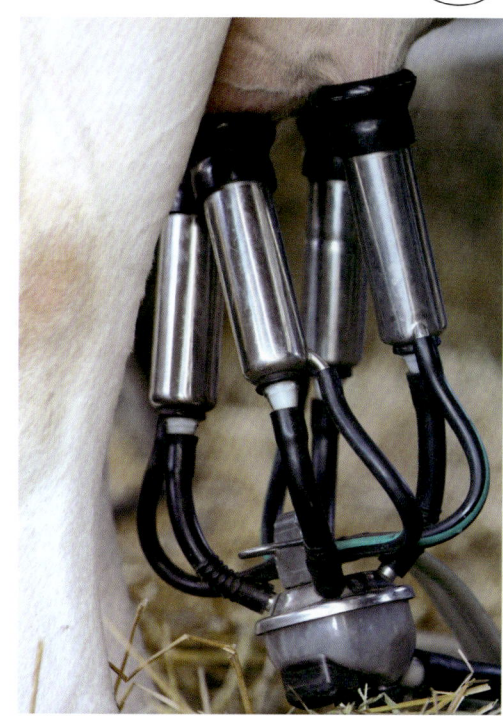

Milch ist ein empfindliches Produkt. Nur ein gesundes Euter, eine saubere Melkanlage und absolute Hygiene bei der Weiterverarbeitung garantieren eine hohe Gütestufe.

Eine Kuh macht Muh – viele Kühe machen Mühe

Allein fühlen wird sich kein Halter einer Kuh, dafür sorgen schon die Gesundheitsbehörden. In Deutschland, Österreich oder der Schweiz unterliegt die Haltung von Rindern und Kühen, sei es zur Milch- oder Fleischerzeugung, strengen staatlichen Kontrollen. Jedes Tier ist mit einer zehnstelligen Nummer – deutlich sichtbar an beiden Ohren angebracht – gekennzeichnet und verfügt über einen Pass in Form eines schriftlichen Identitätsnachweises. Zur Überwindung von Grenzen ist dieses Dokument allerdings nicht tauglich, denn dazu gehört eine gewisse Reisefreiheit. Die gibt es schon gar nicht in der Anbindehaltung, bei der – der Name sagt es schon – das Tier fest angebunden und mit einer Kette oder einem Gelenkhalsrahmen fixiert ist. Die Bewegungsfreiheit ist naturgemäß beschränkt, vor allem das Hinlegen und das Aufstehen ist für die Tiere beschwerlich. Bei Standbreiten von etwa einem Meter mag sich die

HAUSTIERRASSEN

CHIANINA

Die Fundstellen bei den römischen Klassikern, sei es Vergil, Cato oder Plinius, sind, was Kühe und deren Haltung angeht, zahlreich. Was sie als Modell im Kopf gehabt haben, kann man noch heute auf den Weiden der Toskana begutachten. Es muss sich wohl um **CHIANINAS** gehandelt haben, die von den Etruskern in den fruchtbaren Landstrich zwischen Arno und Tiber gebracht wurden. Hier, im Chiana-Tal, entwickelten sie sich, die größten und schwersten Kühe der Welt, von denen einer namens Donetto 1955 den bis heute ungebrochenen Weltrekord im Schwergewicht aufstellte. 1740 Kilogramm brachte das Bürschlein auf die Waage. Im zarten Kälbchenalter noch braun, werden Chianinas im Alter, der Marmorskulptur eines Michelangelo zur Ehre gereichend, porzellanweiß, eine Eigenschaft, die auch für italienische Rassen wie **MARCHIGIANA, ROMAGNOLA** oder das **MAREMMA-RIND** zutreffen. Was dem Ästheten die Gestalt, sieht der Bauer profaner: Masse gleich Zugkraft, und so stand jahrzehntelang die Qualität als Arbeitstier im Mittelpunkt, die aber – Italien war führend in der Entwicklung von landwirtschaftlichen Traktoren – spätestens nach dem Zweiten Weltkrieg gar nicht mehr gefragt war. Marktverknappung steigert die Nachfrage, und so limitierten die findigen italienischen Behörden die Zucht der Chianinas. Nur an die hundert Betriebe haben eine Zulassung, darunter viele kleinbäuerliche Betriebe, dafür aber ist das Fleisch der Tiere eine besondere Spezialität, was daran liegt, dass es nachweislich 50 Prozent mehr Proteine, dabei aber wesentlich weniger Kalorien und auch Cholesterin als anderes Rindfleisch enthält. Das hat seinen Preis an der Ladentheke, aber wer sich eher auf seinen Geschmack verlässt, sollte sein Bistecca alla fiorentina einmal von Chianina-Rindfleisch probieren.

Die meisten Rinder können vom Herumtoben und gemächlichen Wiederkäuen auf einer grünen Weide nur träumen.

Kuh wie auf den billigen Plätzen der Economy-Klasse eines Großraumflugzeugs auf einem Langstreckenflug fühlen. Aus diesem Grund ist die Anbindehaltung nicht unumstritten, im Biolandbau ist sie seit 2010 verboten. Für Kälber ist die Anbindehaltung ohnehin verboten.

Artgerechter ist da schon der Laufstall. Die Tiere können sich bei dieser Art der Haltung frei bewegen, je nach Herdengröße und Investitionsbereitschaft des Halters ist die Inneneinrichtung mehr oder weniger komfortabel. So können Fressplatz und Liegebereich getrennt sein, eventuell haben die Tiere sogar eine Möglichkeit, aus dem Stall nach draußen zu gelangen. Ausgeklügelte Systeme bewerkstelligen, dass die Tiere an ihrem Fress- und Liegeplatz nicht im Mist ersticken. Das einfachste System ist der Spaltenboden, parallel verlegte Betonbalken, zwischen denen ein Zwischenraum klafft, durch den Kot und Urin durchfallen beziehungsweise von den Tieren hindurchgetreten werden kann. Spaltenböden aber sind nicht das Nonplusultra, denn auch wenn Kühe vielleicht nicht anmutig über den Erdboden tänzeln, so kann es doch bei derartigem Untergrund zu Verletzungen kommen. Für den Halter ist ein solcher Bodenbelag aber zweifelsfrei ökonomischer als eine arbeitsintensive (und teure) Einstreu eines Großraumlaufstalls.

Wichtig im Stall ist jedenfalls ein prima Klima. Rinder sind gar nicht so anfällig gegen Kälte, wie man vielleicht denken mag, Zugluft allerdings können sie überhaupt nicht gut vertragen. Eine ganzjährige Freilandhaltung dagegen ist nicht mit jeder Kuh zu machen, das geht nur mit dicht behaarten Robustrassen wie Galloway oder Schottischem Hochlandrind. Aber auch hier dürfen die Tiere natürlich nicht vollständig sich selbst überlassen bleiben. Ein frostfreier Zugang zur Futterstelle und vor allem ausreichend große Weidetränken sind nur die geringsten Voraussetzungen.

Von Pest und Wahnsinn

Auch eine Kuh lässt mal die Ohren hängen. Und das tut sie im wahrsten Sinne des Wortes, wenn sie krank ist. Struppiges Fell, apathisches Wesen, ein Versiegen der Milchleistung, Appetitlosigkeit oder Durchfall sind die ersten Signale, die darauf hinweisen, dass mit der Kuh nicht alles in Ordnung ist. Dank Impfprogrammen und regelmäßigen Untersuchungen kommen die Krankheiten, die früher unter Rinderzüchtern Angst und Schrecken verbreiteten, nur noch selten vor. Maul- und Klauenseuche, Tuberkulose, Rinderpest – Seuchen also, die immer gleich einen großen Tierbestand bedrohen – sind, zumindest in Europa, entweder ausgerottet oder höchst selten. Da Infektionskrankheiten zum größten Teil meldepflichtig sind und die Kontrollsysteme zwar nicht lückenlos, aber doch zuverlässig funktionieren, sind derartige Krankheiten weitgehend aus Stall und Weide verbannt.

Generell lässt sich behaupten, dass der größte Teil der Kuhkrankheiten durch Mangelernährung oder fehlende Hygiene bei der Fütterung zustande kommen. So kam es auch zu einer der dramatischsten modernen Seuchen, die die Kuhpopulationen Europas Mitte der 1980er Jahre schrumpfen und den Rindfleischverbrauch in tiefste Tiefen schnellen ließ.

Umgangssprachlich als „Rinderwahn" betitelt, ist die „bovine spongiforme Enzephalopathie", kurz BSE, eine unheilbare Erkrankung des Zentralnervensystems, die zu einer schwammartigen Gewebeveränderung im Stammhirn führt. Auslöser der Krankheit, die zuerst in Großbritannien beobachtet wurde, sind veränderte Eiweißmoleküle, sogenannte Prionen. Die Auswirkungen von BSE sind aufgrund des medialen Interesses zur Hochzeit der Epidemie sicher in Erinnerung: Verhaltensstörungen wie Nervosität oder übermäßige Schreckhaftigkeit folgen Lärm- und Lichtempfindlichkeit. In der Endphase kommen Bewegungsstörungen hinzu, die Tiere straucheln, fallen über ihre eigenen Beine und können sich nicht mehr koordiniert bewegen – für Kuhliebhaber kaum erträgliche Bilder.

Der Hauptübertragungsweg von BSE wird in der Verfütterung von erregerhaltigem Tiermehl gesehen – ein zweifelhaftes Unterfangen, an Tiere, die als Vegetarier bekannt sind, Futtermittelreste der eigenen oder einer ähnlichen Spezies zu verfüttern und sie quasi zu Kannibalen wider Willen zu machen. Alarmiert wurden die zweibeinigen Nicht-Vegetarier allerdings erst dann in höchstem Maße, als die beim Menschen vorkommende und immer tödlich verlaufende Creutzfeld-Jakob-Krankheit auf den Verzehr von BSE-haltigem Rindfleisch zurückzuführen war. Ab dem Jahr 2000 war in Deutschland für alle über 24 Monate alten Schlachtrinder ein BSE-Schnelltest verpflichtend, sogenanntes Risikomaterial wie Hirn oder Rückenmark durfte nicht mehr verwendet werden. Offensichtlich wurde der Verbraucherschutz im Restaurant: Ab April 2001 waren T-Bone-Steaks von der Speisekarte gestrichen. Zwischen 2000 und 2008 gab es in Deutschland 410 nachgewiesene BSE-Fälle. Für den Rinderbestand in Europa hatte die Krankheit heftige Folgen. 2001 wurde allein in Deutschland die Tötung und Beseitigung von 400 000 Rindern beschlossen, in Großbritannien waren bis zu diesem Zeitpunkt bereits 5 Millionen Tiere getötet und verbrannt worden.

Die große Familie der Rinder
Von Bison, Yak & Co

D ie Rinder *(Bovini)* gehören zur Familie der Rinderartigen oder Hornträger *(Bovidae)*, zur Unterordnung der Wiederkäuer und zur Ordnung der Paarhufer, was insgesamt niemanden verwundert, der schon einmal eine Kuh gesehen hat. Die *Bovini* werden in vier Gattungen und zwölf Arten eingeteilt, wobei der Auerochse *(Bos primigenius)* bereits seit dem 17. Jahrhundert ausgestorben ist.

Weit über eine Milliarde Rinder leben auf der Erde, wovon jedoch mehr als 99 Prozent Haustiere sind. Der mickrige Rest ist alles andere als mickrig. Die vielgestaltigen und imposanten Wildrinder sind faszinierende Tiere, deren Lebensraum allerdings immer kleiner wird, weshalb

Für Bisons wurden kurz vor ihrem Aussterben geografische Schutzräume eingerichtet. Dieses Jungtier quittiert die Bemühungen allerdings nur mit einer hämischen Geste.

einige Arten vom Aussterben bedroht und die meisten selten zu sehen sind, da sie sich in für den Menschen unzugängliche Gebiete zurückgezogen haben.

Jagdtrophäen wie diese können zur Entdeckung neuer Arten führen.

Sao-La (Pseudoryx nghetinhensis)

Beginnen wir mit einem Außenseiter: Das **Sao-La,** auch Vietnamesisches Waldrind genannt, ist im engeren Sinne gar kein Rind. Man hat der Art eigens eine eigene Gattung innerhalb der Hornträger geschaffen, ohne sie einer der Gattungsgruppen zuzuordnen, was uns nicht daran hindern soll, diese Neuentdeckung genauer zu betrachten, steht sie den Rindern doch am nächsten. Erst 1992 entdeckt, könnte das arme Tier bald schon wieder in Vergessenheit geraten, denn es ist vom Aussterben bedroht.

Es war eine Sensation, als Forscher 1992 ein bisher gänzlich unbekanntes Landsäugetier entdeckten – niemand hielt das noch für möglich. Eine Expedition der Umweltorganisation WWF und des vietnamesischen Forstwirtschaftsministeriums stieß im Mai 1992 im zentralvietnamesischen Naturreservat Vu Quang auf das Sao-La. Leider begegneten die Expeditionsteilnehmer dem Sao-La nicht im Ganzen, sondern nur in Form von Jagdtrophäen, die einheimische Jäger in ihren Hütten aufbewahrten. Wie man sich denken kann, ist seitdem viel nach dem großen Unbekannten gesucht worden, doch das Sao-La scheint mindestens ebenso daran interessiert zu sein, nicht entdeckt zu werden, wie die Forscher daran, es zu finden. So musste man sich bis zum heutigen Zeitpunkt mit Fellen und Schädeln begnügen. Einheimischen gelang es zwar, drei Jungtiere einzufangen, doch auch diese verweigerten sozusagen die Aussage. Keines der gefangenen Tiere überlebte länger als drei Wochen in Gefangenschaft.

Im Juni 1993 gab man dem Kind einen Namen: *Pseudoryx,* weil es mit seinen etwa einen halben Meter langen spießartigen Hörnern äußerlich an die Oryxantilope, den Spießbock in Afrika, erinnert; der Zusatz *nghetinhensis* bezieht sich auf sein Verbreitungsgebiet Nghe Thin. Die Jäger dort kennen das Tier schon länger, wie sich herausstellte. Sie nennen es Sao-La, Spindelhorn.

Das Sao-La hat offensichtlich ein eher kleines Verbreitungsgebiet, und zwar im Vu-Quang-Reservat in den Bergregenwäldern, die sich mit den Annamite-Bergen an der Grenze von Vietnam und Laos entlangziehen. Die wissenschaftliche Beschreibung des Rindes nährt

Man muss sich schon Mühe geben, um das Sao-La als Rind zu erkennen.

LONGHORN

Die Besiedelung des amerikanischen Westens gehört zu den Mythen, die in Filmen ein eigenes Genre gefunden haben. Kaum eine Ranch, deren Eingangstor nicht dekorativ von einem **LONG-HORN**-Schädel geziert wird. Bei einer Spannweite von bis zu zwei Metern und am Ende leicht aufwärts gebogen, ist das Gehörn für jeden schießwütigen Pferde- oder Rinderdieb ein eindeutiges Zeichen, dass hier unwillkommenen Eindringlingen ein Brandzeichen der Marke Schrot verpasst wird. Auf seiner zweiten Reise 1494 hatte Kolumbus nachweislich Rinder im Gepäck; in den Ladeluken der Schiffe der Konquistadoren, die ihm folgten, schauten neben Pferden, Schafen und Ziegen auch Kühe aus den Bullaugen. Wahrscheinlich ist, dass die Longhorns Nachkommen dieser südeuropäischen Tiere sind, die sich in den weiten Prärien mit marodierenden englischen Langhörnern gekreuzt haben. Die großen Bisonherden waren zu diesem Zeitpunkt schon verschwunden, vielmehr ausgerottet, die Indianer als natürliche Feinde des Rindviehs bereits in Reservate zwangsumgesiedelt. Das war die Hochzeit des texanischen Longhorns. Wo immer mehr Menschen siedeln, ist der Bedarf an Fleisch groß, und am besten noch waren die Longhorns geeignet, mit ihren langen Beinen und harten Klauen die Viehtriebe von Texas in den Nordwesten zu überstehen. An die fünf Millionen Rinder sollen es gewesen sein, die über Viehtriebwege wie den legendären Chisholm Trail in den Norden verbracht wurden. Danach begann aber auch schon der Niedergang der Rasse. Longhorn-Fleisch ist mager, ein Kriterium, das zu damaligen Zeiten eher negativ bewertet wurde. Im prosperierenden Westen mit satten Weiden spielte die Genügsamkeit der Longhorns keine Rolle mehr. In den 1920er Jahren waren sie, das Symbol des einst wilden Westens, fast ausgestorben.

Mit seinen spitzen Hörnern und der Kopfform ähnelt das Sao-La vielmehr der afrikanischen Oryxantilope, die aber mit den Rinderartigen gar nichts zu tun hat, sondern zur Familie der Pferdeböcke gehört.

sich zum einen aus den Berichten der einheimischen Jäger und zum anderen aus den Untersuchungen der Erbgut-Moleküle, der teilweise vollständigen Felle und der Schädel.

Am nächsten verwandt scheint es mit den **Anoas** auf Sulawesi zu sein. Mit einer Schulterhöhe von etwa 90 Zentimetern ist das Sao-La eher klein, was der Bewegung in dichtem Pflanzenbewuchs ebenso zuträglich ist wie sein strömungsgünstiger Körperbau. Das Fell ist rotbraun bis fast schwarz gefärbt, wobei sich an Gesicht, Gesäß und Hüfte helle Zeichnungen finden. Die langen, nach hinten gerichteten Hörner dienen wie bei vielen Rindern der Abwehr von Feinden. Ein besonderes Merkmal sind die stark ausgeprägten Voraugendrüsen, mit denen es ein Sekret an Büschen und Bäumen abstreifen und sich so „verständigen" kann.

Die schüchternen Tiere wurden bisher vorwiegend allein oder in Kleinstgruppen gesichtet. Sie halten sich vor allem in steilem, undurchdringlichem Waldgelände und in der Nähe von Gebirgsbächen auf, denn diese bieten ihnen Schutz und hier wächst zudem eine von ihnen als Futter sehr geschätzte Krautpflanze. Ansonsten ernähren sie sich vor allem von Blättern.

Feinde haben die Dschungelrinder im Rothund, Indonesischen Tiger, Leoparden – und vor allem im jagenden Menschen. Abgesehen vom Jagddruck schwindet mit der Abholzung der Regenwälder ihr Lebensraum. Ihre Population wird derzeit lediglich auf ein paar Hundert Tiere geschätzt. Günstig wirkt sich hingegen aus, dass ihnen der noch verbliebene Dickicht viel Schutz bietet. Außerdem wurde die Art sowohl von den einheimischen Naturschutzbehörden als auch im Washingtoner Artenschutzabkommen unter Schutz gestellt und das Vu-Quang-Naturreservat wurde um ein Vielfaches vergrößert.

Asiatischer Büffel (Bubalus)

Der Platzhirsch der **asiatischen Büffel** ist der **Wasserbüffel** *(Bubalus arnee)*. Bekannt ist er allerdings vorwiegend als Haustier – und natürlich aus dem Dschungelbuch, wo letztendlich die Büffel dem Guten zum Sieg verhelfen, indem sie den bösen Tiger einfach niedertrampeln. Und eben das kann man sich gut vorstellen bei einem Lebendgewicht von rund einer Tonne. Als reine Fantasiegeschichte kann man es nicht abtun, denn das beeindruckende Aufstampfen mit den Vorderfüßen ist eine bekannte Drohgebärde der Wasserbüffel, die in der Herde Tiger durchaus auch töten können, wobei ihnen allerdings auch ihre Hörner helfen. Diese können eine Spannweite von bis zu beeindruckenden zwei Metern erreichen und wachsen gradlinig zur Seite oder krümmen sich halbkreisförmig nach innen; ihr Querschnitt hat die Form eines Dreiecks.

Wasserbüffel sind gute Schwimmer.

Nicht überall kommt der Büffel so gut weg wie bei Kipling. So verkörpert er in der indischen Mythologie einen Dämonen, und in Thailand sagt man nicht „Du Schwein", sondern „Du Büffel", wenn man von seinem Nächsten so gar nichts hält. Wasserbüffel, mit 1,80 Meter Schulterhöhe und fast 3 Meter Kopf-Rumpf-Länge die größten lebenden Paarhufer, wirken schon

Die breiten Klauen und weichen Fesseln erleichtern den Wasserbüffeln die Fortbewegung in sumpfigem Gelände.

aufgrund ihrer mächtigen Erscheinung etwas beängstigend, und insbesondere ältere männliche Wasserbüffel, die als Einzelgänger unterwegs sind, können aggressiv reagieren und Menschen oder sogar Elefanten angreifen. Doch allgemein gilt das gewaltige Tier mit den riesigen gespaltenen Hufen als empfindsam und sanftmütig, was seine Domestikation mit Sicherheit vereinfacht hat.

Ursprünglich hatten die wilden Wasserbüffel ein großes Verbreitungsgebiet, das über Süd- und Südostasien bis nach China reichte. Heute hingegen sind sie ausgesprochen selten geworden. In Indien, Bhutan und Nepal scheint es noch kleine Populationen zu geben, doch die Gesamtzahl soll nur noch um die 200 liegen.

Wie der Name schon andeutet, sind Wasserbüffel auf das kühlende Nass angewie-

sen. Mit Vorliebe verbringen sie ihren Tag liegend im Wasser oder suhlend im Schlamm, der nicht nur kühlt – was wegen der wenigen Schweißdrüsen unbedingt erforderlich ist –, sondern ihnen auch Schutz gegen Insekten bietet. Abends sind sie dann vorbereitet für die Futtersuche, wobei sie sich vorwiegend von Wasserpflanzen, Ufervegetation und Gräsern ernähren. Es sind gesellige Tiere. Die Weibchen leben mit ihren Kälbern in festen Herden, geführt von einer der ältesten Büffelkühe. Die männlichen Nachkommen werden mit zwei Jahren aus der Herde verjagt, bilden dann Junggesellengruppen und leben später als Einzelgänger.

Ab etwa 4000 v. Chr. wurde der Wasserbüffel in China domestiziert, schon bald darauf gab es auch in Indien, Mesopotamien und Südostasien Hausbüffel. Der genaue zeitliche Ablauf der Domestikation ist nicht zu klären, da sich die Wild- und Hausformen kaum unterscheiden. Wegen dieser Nähe – und weil Hausbüffel oft halbwild oder wieder ganz verwildert leben und sich auch mit den wilden Genossen paaren – ist selbst bei den heutigen Wasserbüffeln zum Teil schwer festzustellen, welcher Büffel nun wirklich wild ist und in seiner Ahnenlinie auch immer wild war.

Verwilderte Hausbüffel gibt es reichlich, besonders an der Nordküste Australiens, wo sie zu einem regelrechten ökologischen Problem geworden sind. Mit ihrem häufigen Suhlen verändern sie den gesamten Lebensraum und da sie außerdem Rinderkrankheiten übertragen, dezimierte man ihre Zahl in Australien durch Abschussprogramme erheblich. In überschaubarer Zahl können Wasserbüffel wiederum sogar als Landschaftspfleger dienen. Sie können Feuchtbiotope beweiden, die für andere Rinder inakzeptabel sind. Eigens dafür wurden bereits einige Tiere in Deutschland angesiedelt. Im Renaturierungsgebiet Spreeaue nördlich von Cottbus untersuchen Forscher derzeit die ökologischen Auswirkungen solcher Ansiedlungen.

Weltweit gibt es rund 74 Hausbüffelrassen, wobei der Schwerpunkt in Indien, Bangladesch, China und Südostasien liegt. Doch auch in Süd- und Mittelamerika, Südeuropa und auf dem Balkan gibt es größere Vorkommen. In Europa werden Büffel vor allem in Italien, Bulgarien, Rumänien und Ungarn gehalten. Sie haben den Ruf, eigenwillige Tiere zu sein, die auf fremde Menschen anfangs furchtsam reagieren, mit der Zeit jedoch sehr folgsam und zutraulich werden. Auch untereinander ist der Kontakt auffallend friedlich. Im Laufe der Domestikation sind die Hausbüffel deutlich kleiner geworden, als es ihre wilden Artgenossen noch waren. Sie erreichen heute nur noch eine Schulterhöhe von einem bis anderthalb Metern und ein Körpergewicht von 300 bis 600 Kilogramm. Entsprechend haben die Kälber heute nur noch ein Geburtsgewicht von etwa 28 statt 40 Kilogramm, wodurch die Geburten meist recht unproblematisch verlaufen.

Insgesamt gibt es in Deutschland immerhin etwa 1500 Wasserbüffel. Aber die Zahl steigt. Primär Verwendung finden Fleisch, Leder und Milch. Allerdings ist der Geschmack ihrer Milch für Europäer eher gewöhnungsbedürftig, weshalb sie vorwiegend zur Herstellung von Mozzarella verwendet wird.

In Indien dagegen ist durch Gesetz festgelegt, dass

Gegenüberliegende Seite: Ohne die Hilfe von Wasserbüffeln wäre der Reisanbau in Südostasien praktisch nicht zu bewerkstelligen.

Bei so viel harter Arbeit ...

... tut eine Wäsche manchmal Not.

HEREFORD

Nach den Longhorns kamen die **HEREFORDS,** die sich, im Gegensatz zu ihren langhörnigen Brüdern, wegen ihrer kürzeren Hörner viel besser transportieren ließen und zudem eine wesentlich höhere Fleischausbeute lieferten. Dem britischen Farmer Benjamin Tomkins ist es zu verdanken, dass, wenn in Western die großen Viehtriebe gezeigt werden, das Hereford-Rind der Inbegriff der amerikanischen Kuh ist. Tatsächlich macht die Rasse in den USA den größten Teil der Rinderpopulation aus. Tomkins hatte, ähnlich wie sein Kollege Robert Bakewell, der sich nach der gezielten Zucht von Pferden und Schafen mit den Longhorns befasst hatte, auf den Weiden von Herefordshire im Südwesten Englands mit der Zucht begonnen und die dortigen Herefords mit Rindern aus Flandern eingekreuzt. Massig sind sie, rotgelockt das Fell, Kopf, Schwanzquaste, Brust, Bauch und Beine meist komplett weiß und ausgesprochene Futterverwerter. Sowohl bei Kühen als auch bei Bullen ist eine tägliche Gewichtszunahme von mehr als 1000 Gramm normal. Die Milchleistung kann man eher vernachlässigen, sie reicht gerade einmal zur Aufzucht der Kälbchen. Gefragt ist ihr Qualitätsfleisch, weswegen die Rasse nicht nur in den USA weitverbreitet, sondern auch in Argentinien, Australien und Neuseeland zu den Spitzenreitern auf der Hitliste der Rinderzüchter steht. Dazu kommt ihre Robustheit, eine Freilandhaltung auch unter extremen Bedingungen über das ganze Jahr macht einem Hereford-Rind nichts aus. Obwohl von Haus aus eher gutmütig, wurden ihnen in den 1950er Jahren die halbkreisförmigen Hörner genetisch wegerzogen.

jeder Soldat täglich einen Viertelliter Büffelmilch bekommt. Dazu tragen vor allem die „Gelockten", die Murrah-Büffel, bei, denn diese Rasse gibt besonders viel der guten Büffelmilch, die fett- und eiweißreicher als herkömmliche Kuhmilch ist und weniger Cholesterin enthält. Ungefähr zwei Drittel aller in Indien konsumierten Milch stammen von Wasserbüffeln. Nur ein Teil wird als Frischmilch verbraucht. Büffelmilchfett ist der Hauptbestandteil von Ghee, einer halbflüssigen Butter, die – vergleichbar dem Olivenöl in den Mittelmeerländern – in Indien allgemein zum Braten verwendet wird. Vergleichsweise wenig Cholesterin enthält auch Büffelfleisch, das zudem eiweißreicher und fettärmer ist als das Fleisch europäischer Rinder.

Wasser ist ihr Element: Baden ohne Waschzwang gehört zur Lieblingsbeschäftigung von Wasserbüffeln.

Der bedeutendste Nutzen der Hausbüffel für die Menschen liegt jedoch in ihrer Arbeitsleistung als Trag- und vor allem Zugtier, wobei der Reisanbau eine herausragende Stellung einnimmt. Immerhin drei Viertel aller Wasserbüffel werden in Reisanbaugebieten gehalten. Die zwar langsamen, jedoch unglaublich kräftigen Büffel ziehen die Pflüge durch den lehmigen Boden, wobei sie oft bis zum Bauch im Wasser stehen. Ohne die Wasserbüffel mit ihrer Kraft und ihrer Vorliebe zum Wasser wäre die Bearbeitung der überschwemmten Reisfelder schwer vorstellbar. Vor der Motorisierung gab es kaum Alternativen und auch heute noch sind viele Büffel auf den Feldern tätig. Auch ihre Zugleistung ist nicht zu verachten: Ein kräftiger Bulle kann einen Wagen mit zwei Tonnen Gewicht an einem Tag 30 Kilometer weit ziehen. Schließlich dreht der Wasserbüffel mit seiner Kraft in Südasien auch zahllose Wasserräder sowie Zucker- und Ölmühlen. Bis zu 25 Jahre ist ein Wasserbüffel trotz der harten Arbeit im Einsatz. Anschließend werden längst nicht alle Tiere geschlachtet, viele erhalten ihr Gnadenbrot bei ihren Besitzern und können bis zu 40 Jahre alt werden.

Wer nun plant, sich in der Büffelhaltung zu engagieren: Der Anschaffungspreis liegt zwischen 1000 und 4000 Euro.

Dem Wasserbüffel ähnlich, jedoch deutlich kleiner und stämmiger ist der **Tamarau** (*Bubalus mindorensis*), eine allein auf dem philippinischen Mindoro vorkommende und nie domestizierte Büffelart. Seine Hörner sind mit etwa 40 Zentimetern deutlich kürzer als die des

Wasserbüffels. Der Tamarau lebt einzelgängerisch in Gebieten mit dichter Vegetation, die ihm Ruhe und Nahrung bieten. Vorwiegend ernährt er sich von Gräsern.

Das vom Aussterben bedrohte Tier gilt als nationales Symbol der Philippinen und steht heute unter Jagdverbot. Ursprünglich bewohnte der Tamarau die ganze Insel und war durchaus auch tagaktiv, inzwischen hat er sich in zwei kleine Schutzgebiete zurückgezogen und wird, wenn überhaupt, vorwiegend noch nachts gesichtet.

Auch die Anoas haben ein ausgesprochen kleines Verbreitungsgebiet und gelten als stark gefährdet. Der **Flachland-Anoa** *(Bubalus depressicornis)* ist mit noch

Nur auf der philippinischen Insel Mindoro ist der vom Aussterben bedrohte Tamarau zu finden. Wegen der starken Bejagung durch die Menschen wurde er nachtaktiv, um seinen Verfolgern zu entgehen.

Der Flachland-Anoa ist in seinem Bestand extrem gefährdet.

etwa 3000 bis 5000 Individuen einzig in den sumpfigen Niederungen der indonesischen Insel Sulawesi zu finden. Der **Berg-Anoa** *(Bubalus quarlesi)*, dessen Bestand auf noch etwa 2500 Tiere geschätzt wird, bewohnt die höher gelegenen feuchten Regenwälder derselben Insel und die kleine Nachbarinsel Buton. Die zierlich anmutenden Anoas sind die kleinsten der heute noch lebenden Wildrinder. Sie erreichen höchstens eine Schulterhöhe von einem Meter, wobei die Weibchen deutlich kleiner sind. Die dunkle Färbung ist bei den Flachland-

Ebenfalls vom Aussterben bedroht ist der Berg-Anoa
(oben und rechts).

Anoas durch eine helle Zeichnung an Vorderläufen und Kehle unterbrochen. Die nach hinten weisenden Hörner sind bei beiden Arten kurz – bei den Flachland-Anoas etwas länger – und flach zusammengedrückt.

Anoas leben paarweise oder als Einzelgänger sehr zurückgezogen in schwer zugänglichen Gebieten. Sie liegen wie viele asiatische Büffel gern im Wasser und ernähren sich von Blättern, Gräsern und Moosen. Sehr charakteristisch ist ihr Blöken, das wie ein Stöhnen klingt. Insbesondere weil ihr Lebensraum durch Rodung immer kleiner wird, sind Anoas vom Aussterben bedroht. Ihr Vorkommen in Zoologischen Gärten wird in Zuchtbüchern erfasst.

Afrikanischer Büffel (Synercus caffer)

Der **afrikanische Büffel** wird auch Kaffernbüffel genannt. Mit dem „Kaffer" trägt er selbst in seinem wissenschaftlichen Namen eine von europäischen Kolonialisten geprägte rassistische Bezeichnung für Farbige. Doch kann die biologische Nomenklatur im Nachhinein nicht mehr geändert werden. Die Art ist südlich der Sahara in weiten Teilen Afrikas verbreitet. Die beiden Unterarten **Steppen-** beziehungsweise **Schwarzbüffel** (*Syncerus caffer caffer*) und

Wald– beziehungsweise **Rotbüffel** *(Syncerus caffer nanus)* unterscheiden sich bezüglich ihrer Verbreitung und ihres Aussehens deutlich voneinander.

Derjenige, den man im Kopf hat, wenn man an die *Big Five* (Elefant, Nashorn, Löwe, Leopard und eben Büffel) denkt, von dem halb ängstlich, halb bewundernd kolportiert wird, dass er immer wieder Jäger aufgespießt habe, ist der *Syncerus caffer caffer*. Bis zu 3,40 Meter lang, hat er eine Schulterhöhe von bis zu 1,70 Metern und kann eine ganze Tonne auf die Waage bringen. Dazu passen die ausladenden Hörner, die beide Geschlechter tragen. Dazu ist er meist schwarz, manchmal auch dunkelbraun und mit zunehmendem Alter nur noch spärlich behaart.

Die Steppenbüffel leben in Herden von 50 bis 500 Tieren. Es sind schnelle Rinder: bis zu knapp 60 Stundenkilometer können sie erreichen. Dass die Zahl der Feinde begrenzt ist, ist da wenig erstaunlich. Löwen und Leoparden, die einen Angriff starten, haben zumindest bei ganzen Herden oft Pech. Nilkrokodile haben noch die größten Chancen, einen solchen Büffel zu erbeuten. Bevorzugter Lebensraum der *Synercus caffer caffer* sind die weiten Savannen vor allem in Ostafrika und im Norden Südafrikas.

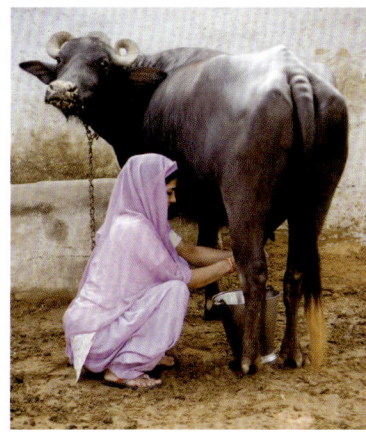

Afrikanische oder asiatische Kühe werden oft schon von klein auf auf ihre Melkerin geprägt.

Die afrikanischen Büffelherden durchwandern ihr Revier immer auf ein und derselben Route.

Seite 86: Afrikanische Steppenbüffel wechseln ihr Revier nur selten. Die Herden bestehen meist aus Mutterkühen mit ihren Jungen.

SHORTHORN

Aus den unendlichen Weiten der Prärien der Vereinigten Staaten zurück nach Europa, in den Nordosten Englands. Hier, im englischen Schmuddelwetter, zwischen Durham und York, waren es die Gebrüder Robert und Charles Colling, die in der Mitte des 19. Jahrhunderts zu den ersten zählten, die eine gezielte Züchtung förderten. Aus heutiger Sicht unvorstellbar, ließ man der Kuhnatur bis dahin freien Lauf. Erst die Colling-Brüder dokumentierten akkurat, selektierten gewissenhaft und heraus kamen kurzhornige Rinder in den drei Farbvarianten Rot, Weiß und Rotgescheckt. Das Ergebnis ihrer Experimente waren Rinder mit einer außerordentlichen Mastleistung, die Geburt des gezüchteten Fleischrindes sozusagen. Ihre besondere Bedeutung erlangten die SHORTHORNS aber gar nicht so sehr aufgrund ihrer eigenen rasseimmanenten Merkmale. Vielmehr war es das Shorthorn-Gen, das zum englischen Exportschlager wurde. Es hatte sich herumgesprochen, dass die englischen Kurzhörner enormen Pepp in eine Rinderpopulation bringen konnten, und so wurden – man stand schließlich noch am Beginn der wissenschaftlichen Zucht – mal mit mehr, mal mit weniger Erfolg, manchmal mit Sinn, manchmal auch ohne Verstand, auf dem gesamten europäischen Festland Shorthorn-Gene zum Einkreuzen verwendet. Das hat zur Folge, dass es heute kaum eine Kuh gibt, in der nicht ein klitzekleiner Blutanteil eines Shorthorns zu finden ist. Reinrassig verlor das Shorthorn im Laufe der Zeit an Bedeutung. Für eine Milchkuh fiel die Leistung gegenüber den spezialisierten Tieren zu gering aus, beim Fleischtyp machte sich die Tendenz breit, dass die Tiere ihr Endgewicht schnell erreichten und dann einen Hang zur Verfettung zeigten.

WER HÜTET DIE KUH?

Die mit 5000 Rindern gedrehte Stampede des 1948 gedrehten Westerns „Red River" ist sicherlich eine der eindrucksvollsten Szenen der Kino- (und Kuh-)Geschichte. Die Story passte bestens in eine Zeit, in der der Cowboy nostalgisch-romantisierend zum Stereotyp verklärt wurde. Hart, raubeinig, dennoch edel im Herzen – ein perfektes Leitbild für die Werbung. Das Cowboy-Leben hollywoodscher Prägung entspricht der Realität in der zweiten Hälfte des 19. Jahrhunderts allerdings nur zum Teil. In kaum einem Western wird berücksichtigt, dass ein Großteil der Viehtreiber Afroamerikaner waren, der Sklaverei entbunden, auf dem „normalen" Arbeitsmarkt dennoch nicht geduldet. Das Leben eines Cowboys spielte sich draußen ab, oft wochen- und monatelang, bis zu zehn Stunden am Tag im Sattel. Besonders entbehrungsreich waren die Viehtriebe von den Weiden Texas oder New Mexicos zu den Verladebahnhöfen oder Schlachthöfen im Nordwesten.

Die Cowboys im Norden fanden ihre Entsprechung in den Gauchos Südamerikas, dort, wo sich in den weiten und saftigen Grasebenen Argentiniens, Paraguays, Uruguays und des südlichen Brasiliens die Nachkommen der von den Konquistadoren mitgebrachten Rinder reichlich vermehrt hatten. Die Viehhirten der Pampas hatten ganz ähnliche Aufgaben wie ihre nordamerikanischen Kollegen. Sie hielten die Herden zusammen, trieben sie zum Schlachthof, setzten Brandzeichen oder leisteten Hilfe beim Kalben. In der Regel waren es Mestizen, indianisch-europäische Mischlinge, die mit ihren Kennzeichen Lasso, Bola und Poncho ein ähnlich imageträchtiges Symbol für Unabhängigkeit und Freiheit wurden wie die Cowboys.

Das freie Umherstreunen der großen Herden bildete die Daseinsberechtigung für den Berufsstand, dessen Ende sich abzeichnete, als die großen Weideflächen in eingezäunten Grundbesitz umgewandelt wurden. Einen entscheidenden Anteil hatte dabei Josef F. Glidden, Erfinder des Stacheldrahts.

Ein unstetes Leben zu führen und mit der Herde zu nomadisieren, immer auf der Suche nach neuem Weideland, ist in Afrika üblich, ebenfalls findet man solche Haltungsformen noch heute in der italienischen Maremma oder der spanischen Estremadura, so weit aber muss man gar nicht in die Ferne schweifen. Auch der Bergbauernbetrieb in den Alpen basiert im Grunde auf dem Konzept, für die Tiere die bestmögliche Weidefläche zu finden. Im Frühsommer, meist um Pfingsten herum, beginnt der Almauftrieb, bei dem die Kühe auf höher gelegene Bergweiden (Almen) getrieben werden. Was früher eine Kraftanstrengung war, geschieht heute meist profan und unspektakulär durch Viehtransporter. Die Sommermonate über bleibt das Vieh auf der Alm, behütet vom Senner, der nicht nur über Wohl und Wehe der Tiere wacht, sondern auch für das Melken und die Weiterverarbeitung der Milch zu Käse und Butter verantwortlich zeichnet. Die kurze Vegetationsperiode im Bergbauernbetrieb zwingt dann, meist zwischen September und Oktober, Mensch und Vieh zurück ins Tal. Der Almabtrieb gestaltet sich zum Fest, bei dem die Tiere feierlich geschmückt werden. Romantisch ist der Job meist nur im Heimatfilm, zumal in früheren Zeiten, als es weder maschinelle Unterstützung noch Kommunikationsmittel gab. Heutzutage ist der Almabtrieb in den Alpenregionen eine beliebte Touristenattraktion.

Nur wenige Großwildtiere würden es wagen, einen Kaffernbüffel anzugreifen. Viel lästiger dagegen sind kleine Parasiten wie Zecken, die von Madenhackern beseitigt und deswegen gern auf Kopf oder Rücken geduldet werden (oben links). Ähnlich unserer Haustierrassen erschnüffeln Büffelmännchen von Weitem, ob eine brünstige Kuh in der Nähe ist (oben rechts). Der grimmige Büffelblick mag seine Feinde erschrecken – erfolgreich gegen Parasiten ist man eher mit einer dicken Schlammschicht.

Der rotbraune **Waldbüffel** ist auch kein kleiner Geselle, doch im Vergleich zum Steppenbüffel sind die Unterschiede schon bemerkenswert: Mit einer Schulterhöhe von etwa 1,10 Metern wiegt er rund die Hälfte desselben. Die Hörner sind kürzer und nach hinten gerichtet. Er lebt in kleineren Gruppen von etwa 20 Tieren und bevorzugt die zentralafrikanischen Regenwälder, wo er in Höhen bis zu 4000 Metern lebt.

Wie bei den asiatischen Wasserbüffeln sind es auch bei den afrikanischen die Weibchen mit ihren weiblichen Nachkommen, die dauerhafte Gruppen bilden, während die Männchen abgesehen von der Paarungszeit in Junggesellenverbänden oder mehr als Einzelgänger leben. Weibliche Nachkommen der afrikanischen Büffel, die nach fünf Jahren selber geschlechtsreif sind, verbleiben meist ihr ganzes Leben in der Herde, in der sie geboren wurden. Die Herde selbst bewegt sich oft über Jahre in demselben Revier, das sie auf immer gleichen Routen durchwandern. Die afrikanischen Büffel teilen mit den asiatischen Büffeln auch den Drang zum Suhlen. Treue Begleiter afrikanischer Büffel sind Vögel, die von den durch diese angezogenen und aufgescheuchten Insekten profitieren oder sich als Madenhacker direkt auf den Büffeln niederlassen und die Zecken und Larven absuchen.

Durch die jahrelange, meist allein zum Vergnügen unternommene intensive Jagd auf die afrikanischen Büffel und die Zerstörung ihres Lebensraumes wurde die Population in vielen Gebieten Afrikas dezimiert. In Südafrika waren die Büffel sogar ausgestorben, wurden inzwischen jedoch wieder angesiedelt. In anderen Gebieten wie Ostafrika hat die Anzahl der Büffel in den letzten Jahrzehnten hingegen kontinuierlich zugenommen. Der Bestand gilt insgesamt als schutzbedürftig, jedoch nicht wie bei vielen anderen der hier vorgestellten Wildrindern als akut gefährdet.

In den äquatornahen Wäldern lebt der rötlich braune Waldbüffel.

Bison (Bison)

Der legendäre **Bison,** das noch im 19. Jahrhundert zu Millionen durch die nordamerikanischen Prärien zog, und der **Wisent,** die einzige noch lebende Wildrindart Europas, sind mehr als nahe Verwandte: Sie gehören zu einer Gattung, sind uneingeschränkt miteinander kreuzbar und haben dieselben Urahnen. Die ersten Vorläufer der Gattung vermutet man vor 5 bis 2 Millionen Jahren im südlichen Asien. Als wesentliche Stammform der heutigen Arten betrachtet man den *Bison sivalensis,* der sich von Indien nach Westen und Norden ausbreitete.

Vor rund 250 000 Jahren betrat dann der **Steppenwisent** *(Bison priscus)* die Bühne. Während der Eiszeiten bevölkerte es in großer Zahl die eurasischen Kältesteppen. Und es hinterließ dankbarerweise viele Spuren: Die Knochen überdauerten im Permafrostboden Sibiriens, bis die Forscher sich an ihre Entdeckung machten. Auch Fels- und Höhlenzeichnungen geben uns ein Bild von dem beeindruckenden Tier mit den mächtigen Hörnern, das im Leben unserer Vorfahren ähnlich wie der Auerochse eine große Bedeutung hatte.

Der Steppenwisent wurde Eurasien dann offensichtlich zu klein. Es machte sich auf den Weg nach Amerika. Über die zugefrorene Beringstraße ging es ab nach Westen. 1979 machte ein Goldgräber in der Nähe des kanadischen Fairbanks einen sensationellen Fund: Über 30 000 Jahre hatte sich der Kadaver eines männlichen Steppenwisents erhalten. Als er an die frische Luft kam, färbte er sich blau – was dem Tier posthum den Namen „Bluebabe" einbrachte.

Aus den Steppenwisenten entwickelten sich in Nordamerika zwei Arten: der riesige, etwa vor 20 000 Jahren ausgestorbene *Bison latifrons* und der *Bison bison,* aus dem dann vor etwa 6000 Jahren die beiden Unterarten hervorgingen, die anschließend über Jahrtausende Amerika bevölkerten: der **Präriebison** *(Bison bison bison)* und der **Waldbison** *(Bison bison athabascae).* Sie fühlten sich wohl in Nordamerika und vermehrten sich prächtig. Mit ihrem dunkelbraunen, 50 Zentimeter langen, dichten Fell sind die größten nordamerikanischen Landsäugetiere mit dem charakteristischen Bart hervorragend auf die Kälte eingestellt. Die deutlich kleineren Kühe bringen nach neun Monaten Tragzeit ein etwa 30 Kilogramm schweres, rotbraunes Kalb zur Welt, das sie mit Hingabe bewachen. Beide Unterarten sind gewaltige Tiere, die nicht nur schnell laufen,

SCHOTTISCHES HOCHLANDRIND

Denkt man an Schottland, so fallen einem Whisky, die Highlands und ein wolkenverhangener Himmel ein. Ein Tier, das in diesem rauen Klima und einer derart kargen Vegetation lebt, muss besondere Qualitäten haben. Das SCHOTTISCHE HOCHLANDRIND hat zweifelsohne diese Merkmale. Seit 1884 existiert ein Herdbuch, andere Rassen schauen neidisch auf diese bestens dokumentierte Ahnengalerie. Das Interesse an Schottland hielt sich, von Whisky und Highlander-Epen einmal abgesehen, im Ausland in Grenzen, doch vielleicht war es gerade die Lust an der Gegenbewegung zu den hochspezialisierten Rassen, die den Hochländern einen regelrechten Boom verschafften, nachdem die ersten Tiere Mitte der 1970er Jahre nach Deutschland kamen. Für Nebenerwerbsbauern waren sie wie geschaffen. Dazu kam die Tendenz, stillgelegte Flächen und Weiden unter naturschützerischen Gesichtspunkten extensiv zu bewirtschaften. Da passten die Eigenschaften des sparsamen Schotten ganz exquisit. Auch wenig ergiebige Weiden werden selbst in langen, nassen und harten Wintern ohne Zufütterung im Stall abgegrast. Aber auch mittelrahmige Milch und cholesterinarmes Fleisch machen das Hochlandrind zum klassischen Mehrnutzungstypen. Gegen das Wetter schützen lange feste Deckhaare und ein mehrlagiges Unterhaar. Vorherrschende Farben sind Rot, Gelb und Schwarz, seltener Gestromt, Graubraun oder gar Weiß. Die Robustrinderrasse gehört übrigens zu den wenigen, bei denen sich anhand der Hornform der Unterschied von männlichen und weiblichen Kühen eindeutig feststellen lässt. Der Kopfschmuck der Damen ist weit ausladend und nach oben gebogen, die Herren der Schöpfung tragen ihr Gehörn waagerecht und nach vorn gebogen.

sondern auch gut schwimmen können. Es gibt jedoch in Lebensraum und Verhalten auch einige Unterschiede.

Beginnen wir mit dem großen Bruder, der im Schatten des kleineren steht: Der **Waldbison** ist mit einer Kopf-Rumpf-Länge von bis zu 3,80 Metern und einer Schulterhöhe von bis zu 1,90 Metern etwas größer als der Präriebison, er hat dunkleres Fell, einen höheren Buckel und längere Hörner – und er lebt in den Wäldern des nordwestlichen Kanadas. Seinem Lebensraum angepasst, bildet er keine riesigen Wanderherden wie die Präriebisons, sondern kleinere Gruppen, bei denen sich die Weibchen mit dem Nachwuchs meist im inneren Bereich aufhalten und die erwachsenen Bullen eher am Rande oder etwas abseits verbleiben. Blätter, Rinde und Gräser bilden die Hauptnahrung. Von Juli bis September ist das dröhnende Brunft-Brüllen der Bullen zu hören. Doch dabei bleibt es nicht: Die Männchen beeindrucken mit Droh- und Imponiergehabe, unter Rivalen kommt es zu erbitterten Kämpfen.

Die ursprüngliche Population von etwa 150 000 Tieren wurde ab dem 17. Jahrhundert mit dem Vordringen der Europäer bis 1894 durch Bejagung – Bisonfleisch und Leder waren gefragt – auf 300 Individuen dezimiert. Sozusagen im letzten Augenblick zeigte man Einsicht: Der letzte Zufluchtsort der Waldbisons nördlich des Athabasca-Sees wurde zum Naturschutzgebiet erklärt, es galt Jagdverbot.

Dank umfangreicher Bemühungen sind in Nordamerika auch wieder größere Bisonherden in freier Natur anzutreffen.

In den 1920er Jahren wurden im Wood-Buffalo-Nationalpark auch Präriebisons ange-siedelt, was dazu führte, dass der Waldbison im eigentlichen Sinne 1940 als ausgestorben galt. So war es in Fachkreisen eine kleine Sensation, als ein kanadischer Biologe 1957 in einem ab-geschiedenen Teil des Parks noch einen Bestand von etwa 200 reinrassigen Waldbisons ent-deckte. Durch die Umsiedlung in das Mackenzie-Bisonreservat und den Elk-Island-Nationalpark sowie inzwischen auch in weitere Schutzgebiete konnten neue Zuchtgruppen von Waldbisons geschaffen werden. Trotzdem gelten sie noch als gefährdet.

Die Heimat des **Präriebisons** sind die offenen Grasländer des zentralen Nordamerikas. In Herden von bis zu 300 Tieren grasten sie auf den Prärien und auf der Suche nach frischem Gras legten sie in einem Jahr bis zu 800 Kilometer zurück, wobei sich für längere Wanderungen häufig mehrere Gruppen zu Großherden von Tausenden von Bisons verbanden. In Panik erreichen

Ähnlich wie bei normalen Hausrassen scheint die Frage der Größe keine Rolle zu spielen, wenn es darum geht, seine Zungenfertigkeit zu beweisen.

Bisons eine Geschwindigkeit von 50 Stunden-kilometern. Ein eindrucksvolles Bild, das wir aus Filmen wie „Der mit dem Wolf tanzt" kennen: Unzählige dieser wuchtigen Tiere donnern über die Prärie. Heute findet allein noch in Alberta zweimal im Jahr eine größere Bisonwanderung über 250 Kilometer statt.

Die Jagd hätte auch die Präriebisons fast ausgerottet. Vor gut 10 000 Jahren fan-den die Indianer in Nordamerika mehrere Mil-lionen Bisons vor. Für ihr Leben und Überleben hatten die Tiere eine außerordentliche Bedeu-tung; das Fleisch war eine wichtige Nahrungs-quelle und Fell, Sehnen und Knochen wurden für Kleidung, Sättel, Geschirr, Schmuck, Werk-zeuge, Leim und vieles mehr genutzt. Das konnte dem Bestand der Bisons jedoch nicht wirklich etwas anhaben, man schätzt ihren Be-stand im 18. Jahrhundert immer noch auf 60 Millionen Tiere.

Als die weißen Siedler die Schusswaffen einführten, war die Bedingung für eine mas-senweise Vernichtung geschaffen, die jedoch

Pfeil und Bogen regelten jahrhundertelang das Gleichgewicht von Mensch und Tier in den nordamerikanischen Prärien. Erst durch den Einsatz von Schusswaffen wurde der Bison bei der Besiedelung des Westens so gut wie ausgerottet.

erst richtig 1871 einsetzte, als Büffelleder zum vielversprechenden Exportprodukt für den europäischen Markt wurde. Man konnte Büffelleder neuerdings zu Schuhsohlen und Antriebsriemen verarbeiten, was den Bedarf in die Höhe schnellen ließ – dies umso mehr, da die Armeen ihre Soldaten nach dem Deutsch-Französischen Krieg mit neuen Stiefeln ausrüsteten. Allein von 1872 bis 1874 wurden mehr als eine Million Büffelfelle exportiert. Der bekannteste Jäger war Buffalo Bill: In knapp acht Monaten soll er 4280 Bisons erlegt haben. In diesem Zusammenhang spielte auch die neue Central Pacific Railroad eine unrühmliche Rolle, denn nun wurden die Büffel als eine Art Volkssport aus dem fahrenden Zug erlegt.

Kaum zu fassen: Schon im 19. Jahrhundert waren die Bisons fast ausgerottet. Dass es heute wieder rund 300 000 Exemplare in den Schutzgebieten Nordamerikas gibt, ist den Maßnahmen zu verdanken, die ab Ende des 20. Jahrhunderts ergriffen wurden. Den Anfang machte neben dem Wood-Buffalo- vor allem der Yellowstone-Nationalpark. Allerdings gibt es in den letzten Jahrzehnten verstärkt Probleme: Auch Bisons sind gegen Rinderkrankheiten nicht immun, darüber hinaus werden sie von Ranchern aus Angst vor einem Übergriff dieser Krankheiten auf die eigenen Viehherden abgeschossen, wenn sie die geschützten Bereiche auf der Futtersuche verlassen.

Warum sollte es dem **Wisent** in Europa bessergehen als dem Bison in Nordamerika? Auch die europäischen Nachfahren des Steppenwisents waren fast ausgestorben, nur zog

sich die Sache länger hin. Im Jahr 1923, als in Frankfurt am Main eine „Gesellschaft zur Rettung des Wisents" gegründet wurde, fand man gerade noch 54 Tiere, die in Gefangenschaft überlebt hatten.

Doch was war mit den Wisenten passiert? Mit dem Ende der Eiszeit verschwand der Step-

Im Gegensatz zum Steppen- lebt der Waldbison in kleineren Gruppen.

Dank ihrer Konstitution können Bisons auch unter widrigen klimatischen Bedingungen grasen – für eine ökologische Landschaftspflege kein unbedeutendes Merkmal.

GALLOWAY

Im Gefolge der Hochlandrinder kam eine zweite Rasse aus Schottland auf die deutschen Weiden, ebenfalls eine Robustrinderrasse, die das ganze Jahr in Freilandhaltung verbringen kann, ohne sich die Klauen abzufrieren. Von den **GALLOWAYS** ist die Rede, und wenn es in der Rinderzucht so etwas wie Trends oder Moden gibt, dann gehört die Galloway-Haltung sicher in diese Kategorie. Dabei hatten schon die Römer die Vorzüge der Rasse entdeckt. Ähnlich wie die Rinder aus dem schottischen Hochland ist ihr Körperbau bestens dafür geeignet, das Leben outdoor zu verbringen. Der ausgeprägte Herdentrieb ist für Galloways kennzeichnend. Karge Böden, Hanglagen und ganzjährige Freilandhaltung stellen für die gutartigen Tiere kein Problem dar. Ein dickes Fell haben sie im wahrsten Sinne des Wortes. Eine art- und rassegerechte Haltung bietet sich vor allem in der Mutterkuhhaltung an. Ihre Milchleistung ist bescheiden, die ausgezeichneten Futterverwerter entwickeln aber eine exzellente Fleischqualität. Man muss nur lange darauf warten. Bis die Tiere Schlachtreife haben, dauert es rund zwei Jahre, dieses langsame, aber natürliche Wachstum macht das Galloway vor allem für Anhänger einer artgerechten, extensiven und naturnahen Produktion interessant.

penwisent um 10 000 v. Chr. aus Europa. Ob die Wisente *(Bison bonasus)*, die ihm in der Warmzeit folgten, über eine Zwischenform Nachfahren des Steppenwisents oder doch Abkömmlinge einer dem Steppenwisent nur verwandten Art sind, ist ungeklärt: Jedenfalls breiteten sie sich von Osten nach Westen aus und waren bald weitverbreitet in den Waldgebieten West-, Mittel- und Südosteuropas bis zum Kaukasus. Im Westen erreichte der Wisent die Pyrenäen, wo es allerdings bereits im 5. Jahrhundert ausgestorben war. Wisente galten in Europa als besonders angesehene Jagdtrophäe, im alten Rom wurden sie sogar für Gladiatorenkämpfe importiert. Dichte und Ausbreitungsgebiet verringerten sich kontinuierlich, im 6. Jahrhundert war er bereits wesentlich seltener als der Auerochse und am Ende des Mittelalters war der *Bison bonasus* gerade noch in vier Ländern heimisch: im Herzogtum Preußen, in Siebenbürgen, in Polen und in Russland, genauer im Kaukasus. Nun durften nur noch Könige und der Hochadel Jagd auf den Wisent machen. Diese „Schutzmaßnahme" verhinderte jedoch weder die Wilderei noch verbot

Ältere Wisentbullen sind oft Einzelgänger, die auch schon einmal angriffslustig sein können.

sie das Einfangen der Wisente für die Kampfspiele in den Fürstenhäusern. Einerseits wollte man das prestigeträchtige Tier nicht verlieren, sich andererseits jedoch damit brüsten. Im 19. Jahrhundert lebte der Wisent wild nur noch in zwei Gebieten: im Kaukasus der etwas leichter gebaute und dunklere Bergwisent und im Waldgebiet bei Bialowieza der Flachlandwisent. Der Erste Weltkrieg gab dem Wisent in Polen den Rest: 1919 wurde das letzte Tier erlegt, 1927 waren die Wisente dann auch im Kaukasus ausgerottet.

Wen hatte man da nun vorerst endgültig erlegt? Der Wisent ist dem Bison in so vielem ähnlich, dass man die Tiere zeitweise zu einer Art zusammenfassen wollte. Optisch unterscheiden sie sich nur in Kleinigkeiten, die allerdings bei genauem Hinschauen schon zu einem unterschiedlichen Gesamtbild führen. Der Wisent hat ein kürzeres Fell, einen höheren Widerrist und einen kleineren Kopf, den er tiefer trägt, längere Hörner und einen längeren Schwanz. Er ist seit dem Aussterben des Auerochsen Europas größtes Landsäugetier. Ursprünglich in offenen Wäldern und offenem Land beheimatet, hat er sich immer mehr in dichte Wälder zurückgezogen. Er lebt, sofern man ihn lässt, in kleinen Gruppen von 20 Tieren, in der Regel Wisentkühe mit ihren Nachkommen, die sich im Winter oft zu größeren Herden zusammenschließen, denen sich dann auch Bullen anschließen.

Der markante Kopf des Wisents erinnert in vielem an sein amerikanisches Pendant, den Bison.

Inzwischen gibt es wieder einige wenige wilde Wisentherden, so beispielsweise im Wald von Bialowieza, in Litauen und in der Ukraine. Im Herbst 2009 begann die Auswilderung von Wisenten im Rothaargebirge, und in der Damerower Heide in Mecklenburg lebt eine Herde naturnah im Wisentreservat. Auch in Hardehausen gibt es seit 1958 ein großes Wisentgehege. Hier werden zwei Herden getrennt voneinander gehalten, zum einen reine Flachlandwisente und zum anderen die Nachkommen des einzigen verbliebenen Bergwisents, der notgedrungen mit Flachlandwisenten gepaart wurde. Einschließlich der in Gefangenschaft gehaltenen Tiere zählt man heute etwa 3000 Wisente. Wesentlich zu diesem Erfolg beigetragen hat das Wisentgehege Springe, in dem eine Wisentzüchtung aus den Tieren aufgezogen wurde, die in Gefangenschaft überlebt hatten.

Auch wenn die Auswilderungsversuche insgesamt geglückt sind, gibt es große Probleme: Wegen des wenigen noch verbliebenen Genmaterials – alle heutigen Wisente stammen von zwölf Gründertieren – leiden die Wisente besonders unter Krankheiten und Parasitenbefall. Ob ausgewilderte Wisente aggressiv auf Menschen reagieren, ist umstritten. Diese Möglichkeit ist zugleich ein Argument gegen den Einsatz als Landschaftsgärtner, für den sie sonst bestens geeignet sind. Sie können Stauden und Büsche in Schutzgebieten kurz halten, verzehren 25 bis 30 Kilogramm Rinde und holzige Büsche pro Tag und weiden – anders als Hausrinder – auch unter Schnee. Rund um den Cospudener See bei Leipzig haben die amerikanischen Verwandten schon unter Beweis gestellt, dass Bisons für eine offene Landschaft sorgen können – und das ohne Gehalt.

Bei der kolossalen Statur von Wisents verwundert es, dass das Geburtsgewicht der Kälbchen mit 30 bis 35 Kilogramm dem einer Haustierrasse entspricht.

Europas größtes Landsäugetier: der Wisent.

Eigentliche Rinder (Bos)

Neben dem berühmten Ur oder Auerochsen *(Bos primigenius)*, der in großer Zahl auch in Europa vorkam und es an Größe durchaus mit dem Wisent aufnehmen konnte, umfasst die Gattung *Bos* noch vier weniger bekannte Arten: Kouprey, Banteng, Gaur und Yak, die alle in Asien beheimatet sind.

Der **Kouprey** *(Bos sauveli)* ist ähnlich wie das Sao-La eine wissenschaftliche Neuentdeckung. Wenn man auch durch erste Sichtungen ab 1860 die Existenz des späteren Koupreys erahnte, lebte er doch bis 1936 undercover. Dann sah ein Pariser Zoodirektor, Achille Urbain, bei dem Tierarzt René Sauvel in Nordkambodscha Hörner des Tieres, 1937 konnte er einen Jungbullen der Art in seinem Zoo zeigen. Dieser verstarb nach vier Jahren. Weitere Versuche, den Kouprey in Zoos weiterzuzüchten, scheiterten meist schon daran, dass er sich in freier Wildbahn nicht fangen ließ. Der letzte Fangversuch 1982 endete mit einem Desaster, als einer der Wildhüter durch eine Landmine starb. Seit 1988 hat man in seinem natürlichen Lebensraum im Dreiländereck zwischen Vietnam, Kambodscha und Laos nicht einen einzigen Kouprey mehr entdeckt, sodass die Art inzwischen womöglich schon ausgestorben sein könnte.

Bullen haben eine Schulterhöhe von etwa 1,80 Metern und sind dunkelbraun oder schwarz und verfügen über eine mächtige Wamme. Ihre Hörner sind unterhalb der Spitzen von einem Hornfaserkranz umgeben. Die Weibchen bleiben deutlich kleiner, haben kürzere Hörner und eine hellgraue Färbung.

Das größte noch lebende Rind der Erde ist der in Süd- und Südostasien beheimatete **Gaur** *(Bos gaurus)*. Die mächtigen Bullen erreichen eine Schulterhöhe von 2,20 Metern und eine Kopf-Rumpf-Länge von 3,30 Metern. Als würde das nicht reichen, um Eindruck zu machen, haben sie an der Schulterpartie ein gewaltiges Muskelpaket. Die dunkelbraunen Kolosse haben weiße Strümpfchen an, tragen eine Halswamme und etwa 90 Zentimeter lange, halbmondförmig gebogene Hörner.

Gaure sind sehr scheue Tiere, die in Gruppen von etwa zehn Individuen, darunter meistens einem Bullen, dichte Wälder durchziehen und von Gras, Laub und Kräutern leben. Sie halten untereinander Kontakt durch einen Stimmfühlungslaut, der einem Bellen ähnelt. Trotz ihrer Ausmaße sind es wendige Tiere, die erstaunlich gut klettern können und gern baden, allerdings nicht ausgiebig suhlen. Durch Bejagung und Ansteckung mit Viehseuchen hat sich ihr Bestand auf heute etwa 20 000 Wildtiere reduziert, von denen 90 Prozent in Indien leben.

Die Hausform des Gaurs ist der **Gayal,** auch Stirnrind genannt. Allerdings ist nicht endgültig geklärt, ob es sich bei diesem Hausrind tatsächlich um domestizierte Gaure handelt oder

JERSEY

Erstaunlich ist es schon, dass ein Land wie Großbritannien, das international nicht unbedingt den Ruf hat, Spitzenreiter in der *Haute Cuisine* zu sein, noch viele andere äußerst erstklassige Fleischrinderrassen wie beispielsweise das ABERDEEN ANGUS hervorgebracht hat. Aber auch im Heimatland der Rinderzucht lebt der Mensch nicht vom Fleisch allein, auch Milch und Butter müssen sein. Das Aushängeschild britischer Milchproduktion ist die JERSEY-KUH. Königliche Kühe sind sie, nicht nur wegen ihres grazilen Äußeren: Schon König William IV., dem man nachsagte, eher dem Weltlichen zugeneigt zu sein, hielt sich eine Herde Jerseys im Park von Windsor, wahrscheinlich in der Hoffnung, so immer genügend Milch zum Five-o'clock-Tee zur Verfügung zu haben. Ihr Inseldasein auf dem britischen Eiland hat die Rasse über Jahrhunderte von fremden Einflüssen uneingekreuzt gelassen. Die gelblich bis hellbraunen Kühe sind von kleinem Wuchs; mit 400 bis 450 Kilogramm ist eine erwachsene Kuh fast zierlich im Gegensatz zu Wuchtbrummen wie der Holstein Friesian, und dennoch ist ihre Milchleistung beeindruckend. Das bezieht sich weniger auf die Produktionsmenge denn auf die Qualität. Mit einem Fettanteil von fünf bis sechs Prozent steht die Jersey konkurrenzlos an der Spitze. Das macht sie zu einem beliebten Kreuzungspartner anderer Milchkuhrassen, die durch das Insel-Gen ihren Fettgehalt erhöhen wollen. Der britische Export ist inzwischen weltweit vertreten, vor allem dänische, amerikanische und neuseeländische Kühe haben Jersey im Blut.

ob es aus einer Kreuzung von Gaur und Banteng oder gar einer anderen eigenen Wildform hervorgegangen ist. Mit einer Widerristhöhe von 1,50 Metern ist der Gayal deutlich kleiner und rundlicher als der Gaur. Der Gayal wird nur ganz im Osten Indiens gehalten, wie zum Beispiel von den Naga-Stämmen, zumeist halbwild und als Zug-, Schlacht- und Opfertier. Bastardformen mit Zeburindern sind auch in anderen Teilen Indiens zu finden.

Nach dem Riesen der Schöne: Der **Banteng** *(Bos javanicus)* hat den Ruf, das anmutigste Wildrind zu sein. Der Bulle ist dunkelbraun bis schwarz, Kuh und Jungtiere sind rotbraun mit schwarzem Aalstrich, beide Geschlechter haben weiße Zeichnungen an Gesäß und Beinen. Sie leben in Wäldern, wobei sie zum Fressen mehr offene Flächen brauchen als die Gaure und auch nicht ganz so scheu sind wie diese. Ihr Verbreitungsgebiet umfasst das südostasiatische Festland sowie Java und Borneo. In vielen Gebieten sind sie bereits ausgestorben, in anderen stark gefährdet. Insgesamt soll es noch um die 5000 Bantengs geben, Abholzung, Jagd, Rinderkrankheiten und die Vermischung mit ihrer Hausform **Bali-Rind** gefährden den Bestand.

Wann und wo der Banteng zum Bali-Rind domestiziert wurde, ist unbekannt. Die derzeit etwa eineinhalb Millionen Bali-Rinder werden vor allem auf indonesischen Inseln gehalten und ähnlich genutzt wie die europäischen Hausrinder. In Australien gibt es einige verwilderte Bali-Rinder. Etwas kleiner als die

Auch wenn der Banteng ein Kulturflüchter ist, der lieber versteckt im Unterholz grast, hat ihn dies nicht vor der Verfolgung durch den Menschen bewahrt.

Wildform, weichen die Bali-Rinder in ihrer Färbung unterschiedlich stark von ihren wilden Ahnen ab.

Kaum kleiner als der Gaur ist der **Yak** *(Bos mutus)*. Einzigartig ist sein langes dunkelbraunes Haar, das fast bis auf den Boden reicht – selbst das Maul ist behaart. Und einzigartig für ein Rind ist auch sein Lebensraum: Er bewohnt Felsensteppen in Höhen bis zu 6000 Metern. Das ist nicht nur seinem Fell geschuldet, sondern auch den speziellen Klauen, mit denen er sich selbst auf schmalen Pfaden fortbewegen kann. Charakteristisch für seine kompakte Erscheinung sind ferner der ausgeprägte Widerrist und der herabhängende Kopf.

Nach dem Eiszeitalter, in dem Yaks auch in Alaska und Mitteleuropa heimisch waren, umfasste ihr Verbreitungsgebiet vor allem den Himalaja, Tibet, Nordwestchina und Teile Südsibiriens. Heute gibt es in entlegenen Hochtälern West-Chinas und Tibets noch etwa 10 000 Tiere. Sie leben in kleinen Herden, die sich früher teilweise zu Großherden zusammengeschlossen haben sollen. Sie können ein Alter von 25 Jahren erreichen und haben mit acht Jahren ihre volle Größe erreicht. Als Nahrung dienen ihnen vor allem Gras, Kräuter und Flechten.

Linke Seite: Obwohl der Banteng gemeinhin als das schönste Wildrind gilt, kann man bei diesem Prachtexemplar eines Gaurs an dieser Annahme zweifeln.

Rinder, die in Höhen von bis zu 6000 Metern und auch bei Temperaturen von minus 40 Grad Celsius leben können, mussten in solchen Lebensräumen als Haustiere von Interesse sein.

Spätestens 2000 v. Chr. erfolgte die Domestikation der Yaks. Hausyaks geben nicht nur Milch, Leder, Fleisch und mit ihrem Kot Brennstoff, sondern auch Wolle, die für Kleidung, Decken, Seile und vieles mehr verwendet wurde und wird. Eine besondere Bedeutung kommt ihnen als Last- und Reittier zu, noch heute werden Yaks beispielsweise zur Passüberquerung mit bis zu 150 Kilogramm Gewicht beladen. Insbesondere das Überleben der Menschen in den extremen Höhenlagen Tibets ist eng mit den Yaks verknüpft.

Hausyaks sind deutlich kleiner als ihre wilden Vorfahren, manche sind hornlos und ihre Fellfärbung ist sehr variabel. Sie lassen sich mit Hausrindern kreuzen, und Yak-Zebu-Hybride sind relativ häufig. In Zentralasien leben derzeit etwa 13 000 Hausyaks.

Die mit Abstand bekannteste Art der eigentlichen Rinder ist erstaunlicherweise diejenige, die schon seit Jahrhunderten ausgestorben ist: der **Auerochse** oder Ur *(Bos primigenius)*. Er

Wildyaks leben in Herden von bis zu zwölf Mitgliedern. Sie verweilen gern länger auf guten Weideplätzen, nur bei Nahrungsmangel ziehen sie weiter.

hatte ein riesiges Verbreitungsgebiet, das weite Teile Eurasiens und Afrikas umfasste, und wird in drei Unterarten eingeteilt: den europäischen Auerochsen (*Bos primigenius primigenius*), den asiatischen (*Bos primigenius namadicus*) und den afrikanischen (*Bos primigenius mauretanicus*), wobei einige Wissenschaftler dafür plädieren, die ersten beiden Unterarten als eigene Arten zu führen.

Vor etwa 250 000 Jahren tauchte der Auerochse erstmals in Mitteleuropa auf, wie man von fossilen Funden und Höhlenmalereien weiß. Durch die Klimaerwärmung verschlechterte sich seine Nahrungssituation schon bald, zuerst starb er in Indien aus. Durch die Abholzung der Wälder, zunehmende Besiedlung und extensive Bejagung wurde der Auerochse aus immer mehr Gebieten verdrängt. Um 1400 war er in Mitteleuropa kaum noch präsent, man fand ihn vorwiegend noch in sumpfigen Wäldern Ostpolens und Litauens. Bis Ende des 15. Jahrhunderts soll es jedoch zum Beispiel auch in Bayern noch einzelne Vorkommen gegeben haben. 1627 ist das letzte bekannte Exemplar südwestlich von Warschau getötet worden. Dessen eingedenk wurde in Jaktorow ein Gedenkstein aufgestellt.

Das zottige, raue Haar mit einer dichten Unterwolle lässt den Yak auch in Hochgebirgsregionen nicht frieren.

Aus bildlichen Darstellungen, mittelalterlichen Beschreibungen und Knochenfunden lässt sich das Erscheinungsbild des *Bos primigenius primigenius* rekonstruieren. Der Bulle erreichte eine Widerristhöhe von etwa 1,80 Metern, die Kuh von 1,50 Metern, allerdings wurden die Tiere im Laufe der Geschichte kleiner. Das Fell war eher kurz und glatt, wobei die Fellfarbe der Bullen vor allem schwarzbraun mit gelblichem Aalstrich war, während Kühe und Kälber rotbraunes Fell trugen. Die Hörner waren nach vorn und innen gebogen. Der Auerochse lebte in gemischten Herden und ernährte sich je nach Region von Kräutern, Blättern, Gräsern und Rinde. Die Auer-

WHITE PARK CATTLE

Die Kuh: ein Nutztier. Da ist es am Ende dieser Rasseporträts angenehm zu berichten, dass es auch Kühe gibt, die vollkommen wertfrei ihr Dasein fristen. Die Rede ist vom **WHITE PARK CATTLE**. Beneidet würden sie wohl von andern Kühen, deren Bestimmung es ist, jeden Tag mehr Milch oder Muskelmasse zu produzieren, und selbst die Schwarzbunte würde sich schwarzärgern, wäre sie's nicht schon. Der Ursprung des **ENGLISCHEN PARKRINDS** geht zurück auf verwilderte Bestände, die, von den Römern ins Land gebracht, seit Caesars Zeiten die britische Insel unsicher machen. Das änderte sich, als der englische Landadel im 13. Jahrhundert begann, seine Ländereien einfach einzuzäunen. Eine dieser Parklandschaften entstand in Chillingham in Northumberland, wo sich die weißen Rinder inzuchtmäßig fortpflanzten. Als Marotte englischen Adels hätte dieser Spleen gelten können, wenn es nicht Charles Darwin gewesen wäre, der, um seine Evolutionstheorie zu festigen, die weißen und nichtsnutzigen Rinder in den 1860er Jahren einer Langzeitstudie unterzogen hätte. In „Brehms Tierleben" von 1887 ist folgende Geschichte über das Parkrind überliefert: „Ich war gespannt auf das Benehmen des stärksten Stieres, den ich nach langem Suchen hinter mehreren Kühen versteckt fand. Derselbe hatte indeß keine Lust, unnöthigerweise einer Gefahr sich auszusetzen: es fiel ihm gar nicht ein, die Führung zu übernehmen, und sein einziges Bestreben schien darauf gerichtet zu sein, seine eigene werthe Person fortwährend durch einige Kühe oder jüngere Stiere zu decken, so daß mein beim Fuhrwerke zurückgebliebener Begleiter endlich entrüstet ausrief: ‚Der alte Feigling; er sollte vorausgehen, und versteckt sich hinter seinen Weibern'."

ochsen bevorzugten feuchte und offene Wälder sowie sumpfige Gebiete. Die Wisente mochten es dagegen trockener, dennoch gab es auch Regionen, in denen beide Rinder lebten. Die Bedeutung des Auerochsen für die europäischen Hausrinder ist im Kapitel zur Domestikation ausführlich erörtert.

In den 1930er Jahren feierte man die Wiederauferstehung des Auerochsen. Die Heck-Brüder, Zoodirektoren in Berlin und München, wollten durch Kreuzung alter Rinderrassen den Auerochsen rückzüchten. Das wissenschaftlich verwegene Experiment brachte die sogenannten Heckrinder hervor, die, wenn auch kleiner, tatsächlich gewisse Ähnlichkeiten mit dem Auerochsen zeigen. Heute machen sich diese Rinder, von denen es inzwischen ein paar Tausend gibt, in einigen Gebieten als Landschaftspfleger nützlich, so im Naturentwicklungsgebiet Oostvaardersplassen in Flevoland, in den Lippeauen in Lippstadt-Benninghausen und den Steverauen von Olfen im Münsterland.

Das Ergebnis von Ur-Machern: Mit dem Heckrind sollte der Versuch unternommen werden, den Auerochsen zurückzuzüchten. Es wird heute in freier Wildbahn zur extensiven Grünlandbeweidung genutzt.

Abbildungsnachweis

bigstockphoto
S. 21, 61, 85

Fotodienst/Roland Mühlanger
S. 39

Fotolia
S. 10, 16, 17, 20, 26, 31 (2), 32, 34, 36, 38, 44, 45, 46, 48, 54, 58, 60, 65, 66, 68, 72, 78, 84, 87, 90, 91, 92, 96, 102, 108, 110, Haustierrassenlogo, Vor- und Nachsatz

iStockphoto
S. 6, 7, 8, 11, 12 (2), 13, 14, 15, 18 l., 19, 22, 23, 24/25, 27, 28 (2), 29 (2), 30 (2), 33, 35 (5), 40, 42, 43 (2), 47, 49, 50, 51 (2), 53, 55, 56, 57, 59, 62, 63, 64, 67, 70, 71 o., 73, 74, 75 (2), 76, 77 (2), 79, 80, 83 (2), 86, 88 (3), 89, 93, 95 u., 97, 99 (2), 103, 106, 107, 109, 111

Okapia
S. 9, 71 u., 81 (2), 82 (2), 95 o., 94, 104, 105,

Wisentgehege Hardehausen
S. 18 r., 98, 100 (2)

Umschlag Rückseite: iStockphoto